U0185834

人工智能开发与实战丛书

Python

机器学习实践

Applied Machine Learning with Python

［意］安德烈·朱萨尼（Andrea Giussani） 著

余卫勇　刘强 译

机械工业出版社

本书提供了使用 Python 开发机器学习应用程序的基本原理。主要内容包括：机器学习概念及其应用；数据预处理、降维；各种线性模型、集成学习方法、随机森林、提升方法；自然语言处理、深度学习等。本书跟进了机器学习的最新研究成果，比如近几年提出的著名算法 XGBoost 和 CatBoost，以及 SHAP 值。这些方法是机器学习领域中新颖且先进的模型。

本书目的是向读者介绍从业人员采用的解决机器学习问题的主要现代算法，跟踪机器学习领域研究前沿，并为初学者提供使用机器学习的方法。本书覆盖面广，对所有希望在数据科学和分析任务中使用机器学习的人来说，本书既是一本很好的学习资料，同时也是一本实战教程，其中介绍了多种统计模型，并提供了大量的相应代码，以将这些概念一致地应用于实际问题。

Original work copyright © 2021 EGEA S. p. A

本书中文简体字版由机械工业出版社在全球独家出版发行。未经出版者书面许可，不得以任何方式抄袭、复制或节录本书中的任何部分。

北京市版权局著作权合同登记　图字：01-2021-5611 号。

图书在版编目（CIP）数据

Python 机器学习实践/（意）安德烈·朱萨尼（Andrea Giussani）著；余卫勇，刘强译. —北京：机械工业出版社，2023.5（2024.1 重印）

（人工智能开发与实战丛书）

书名原文：Applied Machine Learning With Python

ISBN 978- 7- 111- 72986- 0

Ⅰ.①P… Ⅱ.①安… ②余… ③刘… Ⅲ.①软件工具-程序设计②机器学习 Ⅳ.①TP311. 561②TP181

中国国家版本馆 CIP 数据核字（2023）第 063947 号

机械工业出版社（北京市百万庄大街 22 号　邮政编码 100037）
策划编辑：付承桂　　　　　　　责任编辑：付承桂　张翠翠
责任校对：贾海霞　李　婷　　封面设计：鞠　杨
责任印制：单爱军
北京虎彩文化传播有限公司印刷
2024 年 1 月第 1 版第 2 次印刷
184mm×240mm·10. 25 印张·213 千字
标准书号：ISBN 978- 7- 111- 72986- 0
定价：89. 00 元

电话服务　　　　　　　　　　网络服务
客服电话：010- 88361066　　机　工　官　网：www. cmpbook. com
　　　　　010- 88379833　　机　工　官　博：weibo. com/cmp1952
　　　　　010- 68326294　　金　书　网：www. golden- book. com
封底无防伪标均为盗版　　机工教育服务网：www. cmpedu. com

译者的话

这是一本关于机器学习这一主题较基础和全面的实践类书籍，适合作为高等院校计算机相关专业高年级本科生和研究生机器学习入门课程的教材。全书共分4章，涵盖了数据预处理、线性模型、核模型、集成方法、自然语言处理和深度学习等内容。作者对来自统计学、模式识别、神经网络、人工智能、控制和数据挖掘等不同领域的机器学习问题和学习方法进行了统一论述。

本书的具体内容如下：

第1章描述了机器学习算法遵循的标准流程，包括了标准预处理和更高级的技术，如用于降维的主成分分析（PCA），并介绍了偏差之间的基本关系和机器学习的方差。第2章介绍了机器学习中的一个关键概念：收缩。此外，还介绍了分类和回归，首先介绍了逻辑回归模型，然后介绍了支持向量机，这是当数据线性可分时使用的两个分类器。第3章介绍了最流行的机器学习技术之一，即集成方法，还介绍了随机森林、梯度提升及相应的应用等内容。第4章简单介绍了机器学习的两个主要领域：自然语言处理和深度学习。

本书内容覆盖面广。大部分算法都有简洁、现成的 Python 源代码，读者可以轻松地进行验证。以此为原型，再稍加修改扩充，即可做出为自己所用的项目代码。为了方便基础薄弱的读者阅读，作者还在附录 A 中添加了 Python 速成教程，以便向读者介绍基础知识及更广泛的概念。

本书的侧重点不在于机器学习原理的相关推导，而在于结论的分析和应用。读者可以更快地掌握各种算法的特点和使用方法，而不必拘泥于算法的细节。另外，本书结合了大量图片，范例实用丰富，深入浅出地介绍了机器学习中典型和用途广泛的算法。

本书的翻译工作安排如下：第 1~4 章由余卫勇完成；附录部分由刘强完成；刘强负责全书统稿。

本书的出版得到了北京市教育委员会项目（22019821001）和北京石油化工学院人工智能青年科学家攀登计划（AAI-2021-005，AAI-2022-007）的资助，在此表示衷心的感谢。同时，特别感谢周宏兵博士和研究生孙国程对本书进行了详细的校稿。最后，真诚感谢编辑付承桂为本书出版所付出的努力！

由于水平有限，译文中若有不当之处，敬请批评指正！

原书前言

统计方法的目标是减少数据。一定数量的数据将被相对较少数量的数据替换，这些数量的数据应充分表示出原始数据中包含的相关信息。由于数据提供的独立事实的数量通常远大于所寻求的事实的数量，因此实际样本提供的大部分信息是无关紧要的。用于减少数据的统计过程的目标是排除这些不相关的信息，并分离出数据中包含的所有相关信息。

——R. A. Fisher（1922）

这段话出自最伟大的统计学家之一 R. A. Fisher。我想说，这句话包含了机器学习的精髓，尽管与 20 世纪相比，很多事情都发生了变化。例如，现在我们通常面对的数据集的观察数量远远大于不同特征的集合。那时，Fisher 研究的最大数据集可能是 Iris 数据集，但现在我们可以处理数百万个样本的数据集，因此所有经典理论结果都可以轻松满足（如中心极限定理）。另外，在许多现代应用中，维度问题仍然存在，因此这些词在机器学习社区中仍然非常重要。换个说法，斯坦福大学的计算机科学家吴恩达最近表示：特征提取既困难又耗时，需要专业知识。

以我而言，特征工程是降维的现代概念，因为它们旨在进行特征提取以提高模型的性能。实质上，将"机器学习"一词包含在"降维"中会非常易于理解。

机器学习在过去十年中获得了极大的普及，这不仅是因为人们在日常简单操作中产生了大量可用数据，还因为人们普遍认为从数据中学习可以做出更好的决策及更好地了解正在研究的现象。

在非常笼统的术语中，机器学习（Machine Learning，ML）可以理解为允许系统自主执行特定任务的一组算法和数学模型，提供与模型相关的分数和度量来评估其性能。它有时会与预测（数值）分析相混淆，后者确实是机器学习的一部分，但与统计学习更加相关。机器学习方法的应用范围广泛，如从图像识别到文本分析中的主题检测，从预测患者是否会患乳腺癌到预测 3 个月后的股票价格。

机器学习的主要目标是基于一组特征来预测结果。该模型在一组数据上进行训练，其中目标变量可用，并获得预测器（或学习器）。然后，该预测器用于预测新数据的结果，这些数据在训练时不可用。通常，一个好的预测器是能够准确预测目标变量的。

管道（Pipeline）描述了一种判别式监督学习方法，人们的目标是根据某些特征 X 预测目标变量 y。在本书中，我们将重点关注收缩估计器、支持向量机算法、集成方法及其在结构化和非结构化数据上的应用。然而，在许多应用中，我们可能只想找到目标和特征之间的某种关系：这就需要无监督学习方法。尽管我们将更多地关注有监督的技术，但也会关注降维技术，如主成分分析（PCA）。本质上，PCA 是一种旋转数据集的方法，旋转后的特征在统计的意义下是不相关的。

编写本书的目的是向读者介绍从业者用来解决机器学习问题的主要现代算法，以及从线性模型到易于处理非线性关系的现代方法。

本书是为广大的技术读者而设计的：一方面，本书是为博科尼大学的学生编写的，他们所学的专业为应用科学，但很可能想学习现代机器学习技术，以将现代应用程序扩展到经济学、金融、社会和政治科学中；另一方面，我坚信对于所有想要在数据科学和分析任务中使用机器学习的人来说，本书是一个非常好的袖珍伙伴（pocket-friend）。实际上，本书作为一种 cookbook 类书籍，其中介绍了统计模型，并提供了相应的代码部分，以将这些概念始终如一地应用于实际问题。

我在大多数地方都故意避免使用数学，因为我相信它（有时）会分散本书的主要目标，即赋予初学者学习机器学习方法的能力。同样，在本书的许多部分，我们在清晰阐述和简洁之间选择了前者。我知道本书提供的大多数代码都可以省略，但这里进行了合理选择，以便向广泛的目标受众说明方法。

本书的主要目标读者是从业者，他们不需要研究算法背后的数学知识。如果读者有需要，那么强烈建议通过阅读技术书籍和特定论文来加深这些概念。如果读者对所提出算法背后的数学感兴趣，那么有很多关于技术方面的书籍，这在本书中会提到。

本书的关键是引导读者使用不同的方法，从 Bagging 到现代 XGBoost，这可能是机器学习从业者的首选。这实际上是本书的一个亮点：据我所知，还没有一本书特别关注最近的集成方法，如 XGBoost 或 CatBoost。

Python 是进行分析的高级语言。这是应用机器学习的现代语言，现代软件和技术很多都是用这种语言开发的。请注意，Python 是一个开源软件，可以从以下链接下载：https://www.python.org。它允许任何人轻松高效地生产、推广和维护软件。此外，我相信一旦学习 Python，就会很容易跟随机器学习社区的发展和改进。

本书结构如下：

第 1 章描述了机器学习算法遵循的标准流程，包括标准预处理和更高级的技术，如用于降维的主成分分析（PCA），并介绍了偏差之间的基本关系和机器学习的方差。所有的技术都附有实际例子。

第 2 章介绍了机器学习中的一个关键概念，即收缩。当人们必须处理许多特征时（如在遗传学中），这非常有用，并且介绍了 Ridge 和 Lasso 等技术。此外，本章还区分了分类和回归技术，首先介绍逻辑回归模型，然后介绍支持向量机，这是当数据线性可分时使用的两个分类器。非线性支持向量机也将受到极大的关注。

第 3 章介绍了最流行的机器学习技术之一，即集成方法，包括随机森林、梯度提升及相应的应用。本章介绍的 XGBoost 算法是任何机器学习者的得力工具，并对 SHAP 值进行了精彩的讨论，这是向非技术读者解释任何模型输出的一个较好工具。

第 4 章介绍了可以进一步研究机器学习的两个主要领域：自然语言处理和深度学习。两者都是非常热门的话题，社区正在不断努力改进可用的模型。我强烈建议有兴趣的读者通过给定的参考资料加深对自然语言处理和深度学习的学习。

由于本书的目标受众是最广泛的读者，因此还设置了附录 A　Python 速成教程：这样不仅介绍了基础知识，而且还介绍了更广泛的概念，例如面向对象的编程。

为了便于使用所提出的方法并提高可读性，创建了一个特定于本书的库，称为 egeaML，该库可在 GitHub 上的 https：//github. com/andreagiussani/Applied _ Machine _ Learning _ with _ Python 上公开获得。

用户可按照 GitHub 仓库中的说明进行安装。注意，用户可以直接在任何 NoteBook 环境中安装它，如 Jupyter 或 Colab，只需输入并运行以下代码段：

! pip install git+https：//github. com/andreagiussani/Applied _ Machine _ Learning _ with _ Python. git

这里的"!"操作符用来告诉 NoteBook 这不是 Python 代码，而是命令行脚本。本书中使用的数据集可以在 Git Hub 仓库中轻松访问。此外，Git Hub 仓库将定期更新材料，因此强烈建议读者经常检查它。

致谢

我要感谢许多帮助我写这本书的人。他们中的大多数人都给予了我继续这个项目的支持和动力，他们中的一些人给出了有趣的见解和建议。如果没有他们的帮助，这个项目永远不会开花结果。其中，我要感谢 Alberto Clerici，他是第一个对这个项目非常感兴趣的人，他帮助我完成了本书的最终版本。我还要感谢 Marco Bonetti，他对统计学习方法的兴趣极大地帮助了我每天提高自己，这无疑改善了书稿。我还要感谢 Egea，他让我有机会以极大的灵活性来编写这本书稿，同时也要感谢 Egea 对本书的策划和准备提供的支持。最后，我还要感谢许多同事和朋友，他们与我讨论了这个项目并给了我重要的见解，其中，我要感谢 Alberto Arrigoni，他与我就这个有趣的话题进行了愉快的交谈，以及 Giorgio Conte，他帮助我构建了 GitHub 项目。

Contents

目 录

一般来说，当处理经典的机器学习（Machine Learning，ML）问题时，通常会区分有监督和无监督的学习方法。在监督学习中，有一系列满足独立且同分布的样本 $(x_i, y_i) \sim p(x, y)$，其中 $x_i \in \mathbf{R}^p$ 描述了一个可用数据的特征向量，$y_i \in \mathbf{R}$ 是目标变量，即模型的因变量。监督学习的目标是找到一个函数 $f(\cdot)$ 使得 $f(x_i) = y_i$，也就是说，需要找到一个在训练集上很好地近似数据分布的函数，它也可以被推广到来自同一个分布的之前未出现在训练集的新样本中。这是监督学习方法的真正目标：基于标记的数据集，希望对来自相同分布 $p(x, y)$ 的新数据进行分类和预测。

相反，无监督方法可以应用到目标缺失或未标记的数据集中。此类技术用于在数据中搜索共同的特点，因为它们的特征仅在于输入数据的向量。无监督方法广泛用于许多应用，如从聚类到自然语言处理中的主题检测和降维，这是一个非常广泛的技术群体。本书将对其基本方面进行介绍：只是为了构建问题，它将一组高维输入实例映射到低维空间，同时保留数据集的某些属性。如今，降维技术也用于许多科学领域，如遗传学或计算机科学，其中数据集具有大量特征，因此人们可以在保留模型内在可变性的同时降低问题的维数。

1.1　一个简单的监督模型：最近邻法

这里用一个简单的算法来介绍机器学习的主要建模方法：最近邻（Nearest Neighbors，NN）法。我们将在一个二维特征向量上用分类任务来说明这个算法。需要注意的是，它也可以用于经典回归任务。本书将主要使用 scikit-learn。scikit 项目始于 2011 年，它是当今机器学习的主要 Python 开源平台之一。谷歌在 2015 年开发的 TensorFlow 获得了人们极大的欢迎，尤其是深度学习社区。现在 TensorFlow 广泛用于执行机器学习项目和管道（Pipeline）。

第一个任务是导入将在本章中使用的必要库和模块。

```
In [1]: from egeaML import *
        from sklearn.model_selection import train_test_split
        from sklearn.model_selection import cross_val_score
        from sklearn.neighbors import KNeighborsClassifier
        from sklearn.metrics import confusion_matrix
        from sklearn.preprocessing import scale
        import pickle
In [2]: import warnings
        warnings.filterwarnings('ignore')
```

导入并读取 GitHub 存储库中的数据，如下所示：

```
In [3]: reader = DataIngestion(df='data_intro.csv', col_target='male')
        data = reader.load_data()
        X = reader.features()
        y = reader.target()
```

注意，已使用 egeaML 的特定类 DataIngestion 读取数据，该类大体执行以下步骤：

1）从 .csv 文件中读取数据；

2）将数据拆分为特征和目标，分别用 X 和 y 表示。

这组数据仅包含两个测量值，即身高和体重，以及一个目标变量，即观察样本的性别。回顾一下监督学习方法的主要目标：希望在一组指定的标记数据上训练一个模型，然后通过将预测标签与可用信息（该可用信息一般通过回顾获得）进行比较来评估其在看不见的数据上（即未出现在训练集中的数据）的性能。为了评估机器学习模型，通常会将数据分成两组，即训练集和测试集。这有一个主要优势：实际上可以在一部分数据上训练模型，然后使用剩下的数据评估所训练模型在以前未使用过的数据（即未出现在训练集中的数据）上的性能。前者用于构建和训练分类器，而后者用于代表未来未见数据的保留集。这是预处理（Preprocessing）的一个重要方面，可以总结为一个非常简单的规则：在训练阶段不要使用任何测试样本。因此，测试和训练必须保持相互独立。为此，可以使用 scikit-learn 的 model_selection 模块中的方法 train_test_split，该方法要求用户指定用于测试集的可用数据的百分比。

下面的这段代码生成了一个二维图，显示了身高和体重之间的关系，用相应的标签标记，如图 1.1 所示。这是使用类 classification_plots 中的 egeaML 方法 training_class 生成的。它大体执行以下步骤：

1）将特征集和目标作为输入。

2）根据参数指定的测试集大小，将可用数据拆分为训练集和测试集。

3）它绘制了一个二维训练集，每个点都由它所属的类标记。

In [4]: classification_plots.training_class(X,y,test_size=0.3)

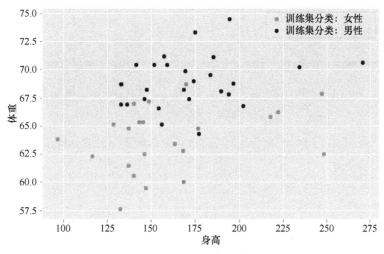

图 1.1　观测值及相应类别

该图显示了二维实值训练数据集之间的关系，并且可以通过两个类（即性别）来拆分数据。因此，目标是在给定两个特征（体重和身高）的情况下按性别拆分数据集。最近邻法的工作方式非常简单，本质上，它求解以下问题：

$$f(x_i) = y_i \quad \text{s. t.} \quad \text{argmin}_j \|x_j - x\|^{\ominus}$$

也就是说，为了对一个新的数据点进行分类，将在所有标记的数据点中寻找最接近的一个样本，并将该最接近样本的训练标签分配给新的数据点。一个自然的问题是：给定一组数据，如何正确训练机器学习模型？如何尝试评估正在使用的算法的泛化性能？一种典型的策略是将可用数据集拆分为训练集和测试集。值得注意的是，人们通常使用 80% 的数据来训练算法，剩下的 20% 作为测试集。如前所述，这两个数据集应该保持独立，因为在训练阶段不应使用任何专门用于测试集的样本。对于任何机器学习模型，都希望模型在评估新数据的模型性能时表现得与训练阶段一样好。下面介绍在实践中最近邻是如何使用标准 scikit 管道（Pipeline）工作的。

In [5]: X_train,X_test,y_train,y_test = train_test_split(X,y,
                      test_size=0.3, random_state=42)

⊖　此处原书错误，应改为 $f(x_i) = y_k$，$k = \text{argmin}_j \|x_j - x_i\|$。——译者注

```
knn = KNeighborsClassifier(n_neighbors=1)
knn.fit(X_train,y_train)
y_pred = knn.predict(X_test)
score = knn.score(X_test,y_test)
print("accuracy: {:.4f}".format(score))
```

Out[5]: accuracy: 0.8571

首先通过指定邻居的数量来初始化类 KNeighborsClassifier，即要与测试中的训练点进行比较的样本数量如果设置为 1，则与距离测试点最近的样本点进行比较。然后在训练集上拟合分类器。最后调用 scikit-learn 的 predict 方法对测试集进行预测。此方法可查找最近的点，并将其标签分配给新点。

为了评估分类器的性能，调用 scikit-learn 的 score 方法，它可计算正确分类样本的数量，需要两个参数（arguments）：测试数据和相应的标签。可以看到，分类器在大约 86%的测试样本上表现良好，这对于一个简单的模型来说非常好。现在，使用 egeaML 库绘制预测标签（将错误分类的标签突出显示）：

```
In [6]: classification_plots.plotting_prediction(X_train,X_test,
                                                  y_train,y_test,nn=1)
```

测试集基于最近邻算法的分类如图 1.2 所示。

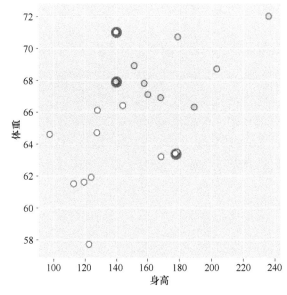

图 1.2 测试集基于最近邻算法的分类

注意：在许多情况下，人们会训练一个包含大量样本的模型。这意味着机器的工作量很大，无论是在 RAM 方面，还是在 CPU 方面。训练模型是有成本的，因此最好将拟合好的模型存储到 pickle 文件中，以便人们可以随时调用。pickle 文件的一个可能用途是在新的再训练发生时立即跟踪拟合模型。以下代码段显示了如何将拟合的最近邻模型保存到 pickle 文件中。

```
In [7]: pkl_filename = "my_first_ML_model.pkl"
        with open(pkl_filename, 'wb') as file:
            pickle.dump(knn, file)
```

另一种评估在测试集中表现如何的方法是使用混淆矩阵，其中，对角线元素代表真阴性（TN，即预测为女性且确实是女性的样本）和真阳性（TP，即预测为男性且确实是男性的样本）。本书将在第 2 章研究分类任务中的不同性能度量，目前，TN 和 TP 的数量越多，则认为模型表现越好。测试集上的混淆矩阵如图 1.3 所示。

```
In [8]: classification_plots.confusion_matrix(y_test,y_pred)
```

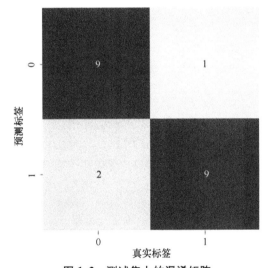

图 1.3　测试集上的混淆矩阵

由于该函数将在整本书中使用，如果读者不记得参数或它们的位置，则可以简单地使用 help 函数获得帮助信息，如下所示：

```
In [9]: help(classification_plots.confusion_matrix)
```

```
Help on function confusion_matrix in module egeaML:

confusion_matrix(y_test, y_pred, cmap, xticklabels=None, yticklabels=None)
```

This function generates a confusion matrix, which is used as a
summary to evaluate a Classification predictor.
The arguments are:
 - y_test: the true labels;
 - y_pred: the predicted labels;
 - cmap: it is the palette used to color the confusion matrix.
          The available options are:
           - cmap="YlGnBu"
           - cmap="Blues"
           - cmap="BuPu"
           - cmap="Greens"
Please refer to the notebook available on the book repo
          Miscellaneous/setting_CMAP_argument_matplotlib.ipynb
for further details.
 - xticklabels: list
               description of x-axis label;
 - yticklabels: list
               description of y-axis label

　　如果不知道要使用哪个颜色图，则可以查看 GitHub 上提供的其他材料，其中 setting_CMAP_argument_matplotlib. ipynb 文件可用：tit 基本上显示了可用于绘图着色的不同颜色图。

　　另一个可能出现的问题是"如果增加邻居的数量会发生什么"。下一个代码块生成一个图，显示模型在超参数 n_neighbors 的不同值下的准确率（前 10 次迭代的放缩（Scaling）显示在图 1. 4 中）：

```
In [10]:n_neigh = list(range(1,50))
        train_scores = []
        test_scores = []
        for i in n_neigh:
            knn = KNeighborsClassifier(n_neighbors=i)
            knn.fit(X_train,y_train)
            train_score = knn.score(X_train,y_train)
            train_scores.append(train_score)
            test_score = knn.score(X_test,y_test)
            test_scores.append(test_score)
        df = pd.DataFrame()
        df['n_neigh']= n_neigh
```

```
df['Training Score']=train_scores
df['Test Score']=test_scores
plt.figure(figsize=(5,5))
plt.plot(df.iloc[:,0], df.iloc[:,1],
                     label ='Train Performance')
plt.plot(df.iloc[:,0], df.iloc[:,2],
                     label ='Test Performance')
plt.xlabel('Number of Neighbors', fontsize=16)
plt.ylabel('Accuracy', fontsize=16)
plt.legend()
plt.show()
```

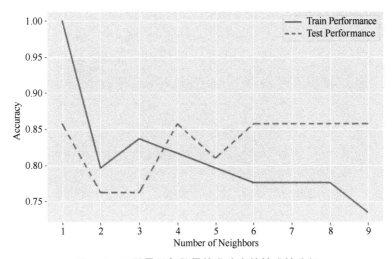

图 1.4　不同最近邻数量的准确率的敏感性分析

n_neigh 等于 3 似乎是一个不错的选择。显然，随着邻居的数量趋于零，模型变得过于复杂以至于对新数据的泛化能力很差，这被称为过拟合（Overfitting）。更具体地说，过拟合是指模型无法很好地泛化到新的、看不见的数据的情况，这种情况会经常遇到，即模型完美地记住了整个训练集，但没有明确地区分这两类数据（即男性和女性）。这可能是因为人们保留了所有观察到的训练噪声，因此很难将模型推广到新数据。

相反，欠拟合是指模型过于简单，无法从训练集中提取足够多的有用信息的情况。在这种情况下，训练集和测试集的准确率是相似的，并且随着模型变得更简单而趋于更小。

通常，在 k-最近邻（k-Nearest Neighbors，kNN）算法中，较少数量的邻居表示更复杂的模型；对于回归模型，可以通过正则化回归系数来防止过拟合，而在集成方法中，通常可以通过调整树的深度来控制过拟合。

下面介绍交叉验证调整超参。

为了训练模型，将数据拆分为训练集和测试集。但是，尤其是在 kNN 中，必须先验地设置邻居的数量，这从推理的角度来看是非常有限制性的：这意味着用户必须知道在整个训练算法中数据将被分组的聚类数量，这在数据分析开始时实际上是未知的。

因此，人们可以做的是训练一系列 kNN 模型，然后在测试集上评估每个模型的性能。但这有一个主要限制：选择在测试集上表现最好的模型是非常有局限性的，因为它只取决于观察到的数据。换句话说，测试集预测不再是对未来表现的无偏估计。

相反，通常做的是将数据分成的 3 个部分：

- 训练集，用于模型拟合。
- 验证集，用于挑选（最佳）参数。
- 用于评估模型在未见过数据上的性能的测试集。

为了说明这一策略的真正作用，这里利用美国威斯康星州乳腺癌（诊断）数据集，该数据集可在线获取（读者可以在本书 egeaML 仓库中找到它的副本，也可以使用 egeaML 类 DataIngestion 读取数据）：https://archive.ics.uci.edu/ml/datasets/Breast+Cancer+Wisconsin+（Diagnostic）

```
In [11]: data_ = DataIngestion(df='breast_cancer_data.csv',
                    col_to_drop=None,col_target='diagnosis')
         X = data_.features()
         y = data_.target().apply(lambda x: 1 if x=='M' else 0)
```

目前还没有介绍放缩（Scaling），但是在许多应用中，数据标准化是一种很好的做法，以便比较每个特征的大小。这里使用 scikit-learn preprocessing 类中的 scale 方法来放缩数据。

```
In [12]: X=scale(X)
```

现在将数据分为训练集、验证集和测试集。

```
In [13]: X_train, X_test, y_train, y_test= train_test_split(X,y,
                    test_size=0.3,random_state=42)

In [14]: X_train_,X_val,y_train_,y_val = train_test_split(X_train,
                       y_train,test_size=0.3, random_state=42)

In [15]: knn = KNeighborsClassifier(n_neighbors=5).fit(
                                    X_train_,y_train_)
```

```
In [16]: print("Validation Score: {:.4f}".format(knn.score(
                                        X_val,y_val)))
         print("Test Score: {:.4f}".format(knn.score(
                                        X_test,y_test)))
```

Validation Score: 0.9333
Test Score: 0.9649

基本上首先使用验证法来选择参数（在本例中为 n_neighbors），然后使用测试集来确定要投入生产的模型。这种方法简单、快速，但有一个问题：该方法在测试集中表现出很大的差异，因为被分割了两次，因此该方法取决于用户如何真正分割数据。作为推论，另一个问题可能是数据使用不当，这意味着如果用户将验证集设置得太小，那么将在评估中出现更大的差异。

因此，在实践中通常做的是交叉验证（Cross Validation）：不是像以前那样将数据分成 3 份，而是将整个数据分成大小相同、互不相交的 n 个子集。交叉验证的思想很简单，但功能强大：选择其中一个子集并将其固定为测试集，而其他 $n-1$ 个子集用于拟合模型。然而，用户不是只进行一次，而是依次固定一个子集作为测试集，并在其他 $n-1$ 个子集上拟合相同的模型。对所有 n 个不重叠的不同子集重复此过程，获得 n 个不同的分数：这更稳定，因为较少依赖于拆分，并且每个数据点恰好出现在测试集中一次。同样，交叉验证的结果由 n 个分数组成，例如，可以从中取平均值（或中位数）作为最后得分，这种最后得分是衡量该模型对数据集拟合效果的一个更可靠的估计。图 1.5 所示为五折交叉验证的工作原理。

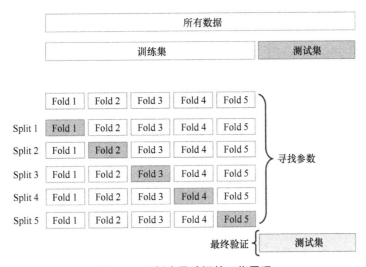

图 1.5 五折交叉验证的工作原理

如果还想调整参数，则需要有一个单独的测试集：所以一个好的策略可将数据分成训练集和测试集。交叉验证训练集以寻找最佳参数，然后使用测试集评估所选参数配置在新数据上的性能。例如，以下代码片段显示了每个 n_neighbors 的交叉验证分数，并选择了最佳模型。

在 scikit-learn 中使用了 cross_val_score 函数：本质上，它将数据集拆分为 n 个独立的子集，并为每次拆分计算其相应的准确率。然后选择最好的分数，并选择与该特定分数相对应的模型参数。如果选择了该模型参数，那么在整个训练集上训练最好的模型，现在的测试分数确实是对这个模型在未见数据的表现性能的（良好的）无偏估计。

```
In [17]: X_train,X_test, y_train, y_test = train_test_split(X,y,
                          test_size=0.3, random_state=42)
         cross_val_scores = []
         neighbors = np.arange(1,15,2)
         for i in neighbors:
             knn = KNeighborsClassifier(n_neighbors=i)
             scores = cross_val_score(knn,X_train,y_train,cv=5)
             cross_val_scores.append(np.mean(scores))

         print("Best CV Score: {:.4f}".format(np.max(
                              cross_val_scores)))
         best_nn = neighbors[np.argmax(cross_val_scores)]
         print("Best n_neighbors: {}".format(best_nn))
```

Best CV Score: 0.6958
Best n_neighbors: 3

注意到上面代码中显示的交叉验证过程中有一个小缺点。为了执行交叉验证，必须先验地强加一组可能的值来搜索最佳参数（在这里的例子中为 n_neighbors）。这对于简单的模型来说很好，比如 kNN，但是如果必须搜索多个值（在整个实数集 **R** 中）怎么办？在这种情况下，应该给出参数之间所有可能的组合，这对于参数粒度很小的网格（每一个网格都代表了参数之间的一种组合）可能是难以管理的。因此，相比随机选择参数的值，更好的方法是使用一种算法，该算法自动在所有可能的参数值组合中找到最佳参数，即通常返回具有最高准确率的组合的算法。

为了在 scikit-learn 中实现网格搜索交叉验证，使用了 Grid-SearchCV 类，它实际上是同时执行模型选择和交叉验证的。为了重复其工作流程，该类遍历所有参数，并且对于每个参数组合都会进行交叉验证以找到最佳参数。一旦发现最佳参数，就会在整个训练数据集上训练最好的模型。这里使用了参数 stratify，它可以保证训练集和测试集中各类数据的比例与原数据集一致，即按原数据 y（即标签）中的各类比例把原数据集分配给训练集和测试集。

```
In [18]: from sklearn.model_selection import GridSearchCV
         X_train, X_test, y_train, y_test = train_test_split(X,y,
                   stratify=y,test_size=0.3,random_state=42)
         param_grid = {'n_neighbors': np.arange(1,15,2)}
         clf = KNeighborsClassifier()
         grid = GridSearchCV(clf, param_grid= param_grid, cv=10)
         grid.fit(X_train,y_train)
         print("Best Mean CV Score: {:.4f}".format(
                                      grid.best_score_))
         print("Best Params: {}".format(grid.best_params_))
         print("Test-set Score: {:.4f}".format(grid.score(
                                      X_test,y_test)))

Best Mean CV Score: 0.8163
Best Params: {'n_neighbors': 7}
Test-set Score: 0.5714

In [19]: results = pd.DataFrame(grid.cv_results_)
         print(results.columns)
         print(results.params)

Index(['mean_fit_time', 'std_fit_time', 'mean_score_time',
       'std_score_time', 'param_n_neighbors', 'params',
       'split0_test_score', 'split1_test_score',
       'split2_test_score', 'split3_test_score',
       'split4_test_score', 'split5_test_score',
       'split6_test_score', 'split7_test_score',
       'split8_test_score', 'split9_test_score',
       'mean_test_score', 'std_test_score', 'rank_test_score'],
      dtype='object')
0      {'n_neighbors': 1}
1      {'n_neighbors': 3}
2      {'n_neighbors': 5}
3      {'n_neighbors': 7}
```

```
4      {'n_neighbors': 9}
5      {'n_neighbors': 11}
6      {'n_neighbors': 13}
Name: params, dtype: object
```

1.2 数据预处理

为了介绍"数据预处理"这个主要应用于线性模型的重要主题，这里将使用波士顿房价数据集（Boston House Dataset）。该数据集可在本书特定的 GitHub 仓库 egeaML 中获得，其目标是预测波士顿房屋价格的中位数（MEDV）。

```
In [1]: from egeaML import DataIngestion, Preprocessing
        from sklearn.neighbors import KNeighborsRegressor, KNeighborsClassifier
        from sklearn.preprocessing import StandardScaler, OneHotEncoder
        from sklearn.preprocessing import PowerTransformer
        from sklearn.model_selection import cross_val_score, GridSearchCV
        from sklearn.pipeline import make_pipeline
```

```
In [2]: reader = DataIngestion(df='boston.csv',col_target = 'MEDV')
        df = reader.load_data()
        X = reader.features()
        y = reader.target()
```

为了更好地了解每个特征对目标变量 MEDV 的影响，考虑下面代码片段生成的一系列散点图。

```
In [3]: plt.figure(figsize=(20, 15))
        features = list(X)
        for i, col in enumerate(features):
            plt.subplot(3, len(features)/2 , i+1)
            x = df[col]
            y = y
            plt.scatter(x, y, marker='o')
            plt.title(col)
            plt.xlabel(col)
            plt.ylabel('MEDV')
```

生成的一系列散点图如图 1.6 所示。

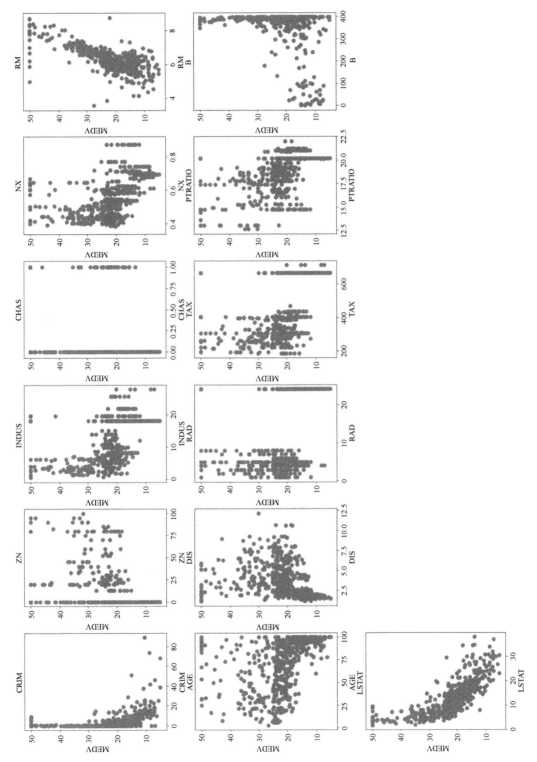

图 1.6　生成的一系列散点图

上面的大多数图中都没有显示出明确的关系，但有两个特征清楚地显示了一些线性相关性：例如，MEDV 和 RM（房间数）之间存在正线性关系，而当 LSTAT 增加时，MEDV 减少。特别是，当查看这些图时，很容易看到一些特征是连续的（如 LSTAT 或 NX），而另一些则是二元的（CHAS）。但更重要的是，很明显这些特征不在同一个尺度上（Scale）。因此，一个非常重要的过程是在拟合机器学习模型之前对数据进行放缩。

1.2.1　数据放缩

放缩数据非常有用，尤其是当特征具有不同的大小和量级时。这个过程提高了模型在测试集上的得分。

```
In [4]: data_melted = pd.melt(df)
        fig = sns.boxplot(x="variable", y="value", data=data_melted)
        plt.ylabel('MEDV')
        plt.xlabel('')
        fig.set_xticklabels(fig.get_xticklabels(),rotation=30)
        plt.show()
```

宽数据可视化为长数据如图 1.7 所示。

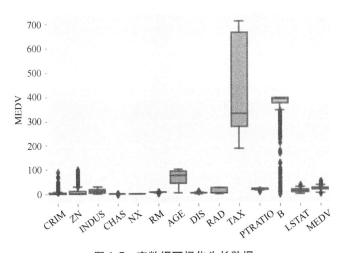

图 1.7　宽数据可视化为长数据

很明显，由于放缩效应，特征之间存在重要的可变性：税收的量级是数千，而年龄的量级是数百，这并不奇怪。此外，它们中的大多数都不是正态分布的，也就是说它们非常偏斜，因此需要在拟合模型之前对它们进行放缩。此外，由于不知道哪些特征可能被认为对模型很重要，因此放缩是一种为不同比例和量级的不同特征隐式分配相同权重的方法：只有在放缩之后，才能更好地选择最优模型（缺点是失去了一些物理可解释性）。

　　通常情况下，为了放缩数据，使用 scikit-learn 中的 StandardScaler 方法。该方法确保了每个特征的均值为 0 且方差为 1，从而使所有特征具有相同的量级。一种不同的放缩方法是使用 MinMaxScaler 方法，它在最小值和最大值之间放缩，通常是 0 和 1，很灵活。如果必须处理一些具有固定边界的特征，那么 MinMaxScaler 方法特别有用。例如，如果必须压缩一个 1~100 之间的特征，那么使用这种方法是有意义的。相反，如果正在处理来自极值分布（即极大值或极小值的概率分布）的数据，那么这种方法可能根本没有意义。另一种是使用 RobustScaler 方法，它的工作原理与 StandardScaler 方法相似，但使用中位数和分位数，而不是均值和方差：当有异常值时，这绝对有用，因为中位数对异常值具有鲁棒性。最后，可以使用 Normalizer 方法，该方法特别适用于计数数据：这里的数据粒度（Granularity）是每一行，并对每个特征向量进行归一化，使其 L_2 范数等于 1。它还允许其他范数，例如 L_1 范数。本质上，Normalizer 方法可认为是通过相应范数进行的归一化（它的特征向量的相应范数应该等于 1）。

　　注意：稀疏数据集是具有许多 0 的数据集，在遗传学、文本分析甚至欺诈检测中都很常见。人们可能会遇到的一个实际问题是，通常不想存储（所有）零，而只想存储稀疏数据：这并不容易，因为每行存储 100000 个 0 会使本地计算机的 RAM 崩溃（Blow Up）。在这种情况下，使用 StandardScaler 方法没有任何意义，因为人们将从 0 值记录中减去非 0 均值，这可能会对放缩产生负面影响，并影响 RAM 的使用。

　　回到波士顿数据集，现在尝试将 StandardScaler 方法应用于特征集，然后比较未放缩数据集和放缩数据集之间的性能。

```
In [5]: X_train, X_test, y_train, y_test= train_test_split(X,y,
                             test_size=0.3,random_state=42)
```

　　一个简单的例子是在波士顿数据集上基于 StandardSc 方法和 KNeighborsRegressor 方法进行回归预测，当目标连续时，这基本上是一个更复杂的模型，如本例中的 MEDV。在放缩数据之前，查看模型在未放缩数据上的表现。

```
In [6]: scores_unscaled = cross_val_score(KNeighborsRegressor(),
                             X_train, y_train,cv=5)
        scores_unscaled
Out[6]: array([0.63515605, 0.17772906, 0.34902784, 0.43737922, 0.37189903])
```

　　由于正在交叉验证模型，因此获得的分数个数与数据拆分的子集数一样多（本例中为 5）。因此，模型性能的一个很好的衡量标准是取分数的平均值，如下所示：

```
In [7]: np.mean(scores_unscaled), np.std(scores_unscaled)
```

```
Out[7]: (0.3942382409253963, 0.14786600926386584)
```

为了放缩数据，首先实例化 sklearn. preprocessing 中的 Python 类 StandardScaler，然后调用 scaler 对象中的 fit 方法：这意味着计算训练数据的均值和标准差，而在训练数据上使用 transform 方法，实际上是将训练集的每个数据减去均值，然后除以标准差。

```
In [8]: scaler = StandardScaler()
        scaler.fit(X_train)
        X_train_scaled = scaler.transform(X_train)
        X_test_scaled = scaler.transform(X_test)
```

```
In [9]: scores_scaled = cross_val_score(KNeighborsRegressor(),
              X_train_scaled, y_train,cv=5)
        np.mean(scores_scaled), np.std(scores_scaled)
```

```
Out[9]: (0.7009222608410279, 0.029897124253597467)
```

不难发现，通过放缩数据，模型性能显著提高。但是不同的放缩方法会导致不同的结果，这需要适当的探索性数据分析（Exploratory Data Analysis，EDA）或研究人员的充分关注，从而采用最佳方法。最后，当运行 scikit-learn 的 cross_val_score 方法时，使用了整个放缩的训练数据集：这意味着使用交叉验证时，每一个测试子集都已经采用了适当的放缩比例。这违反了要求训练集和测试集具有无偏估计的独立性假设。换句话说，这是正在从测试集中泄露信息以找到最佳放缩比例。此外，当投入生产时，新的、看不见的数据会进入模型，但该数据集不会用于放缩训练数据集，因此可能具有不同的放缩比例和值。为了克服这个问题，人们仅在训练数据集上进行放缩，并使用交叉验证在验证集上评估模型性能。为了避免此类问题，可使用 pipeline 类，它可以将数据放缩和交叉验证中的数据切分联系起来。

```
In [10]: pipeline = make_pipeline(StandardScaler(),
                           KNeighborsRegressor())
         scores_pipe = cross_val_score(pipeline, X_train,
                           y_train,cv=5)
         np.mean(scores_pipe), np.std(scores_pipe)
```

```
Out[10]: (0.6944726314773543, 0.028669555232832964)
```

需注意，管道对象按顺序应用数据变换和最终估计器，它只需要实现 fit 方法。为了更好地介绍这个类，可访问 https://scikit-learn. org/stable/modules/generated/sklearn. pipeline. Pipeline. html 的在线文档。我们还可以在管道中执行网格搜索，如下所示：

```
In [11]: par_grid = {'kneighborsregressor__n_neighbors': range(1,10)}
         grid = GridSearchCV(pipeline, par_grid=param_grid,cv=5)
         grid.fit(X_train, y_train)
         print("Number of Neighbors Best Parameter: ",
         grid.best_params_['kneighborsregressor__n_neighbors'])
         print("Score on Test set: {:.4f}".format(grid.score(
                                   X_test,y_test)))
```

Number of Neighbors Best Parameter: 2

Score on Test set: 0.7887

1.2.2　数据高斯化：幂变换简介

在图 1.8 中，看到了放缩后的特征分布。尽管已经对特征进行了标准化，但仍然会看到它们显示出不同的分布：例如，特征 B 确实是偏态的（skewed），而 PTRATIO 看起来则完全不同。

```
In [12]: scaler = StandardScaler()
         scaler.fit(X)
         X_scaled = scaler.transform(X)
         plt.boxplot(X_scaled)
         plt.xticks(np.arange(1,X.shape[1]+1), list(X), rotation=30)
         plt.ylabel('MEDV')
         plt.show()
```

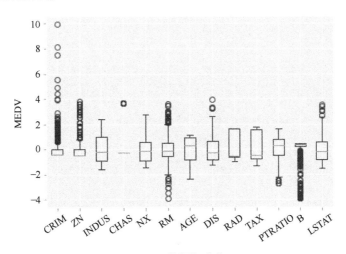

图 1.8　数据标准化

使这些数据更具高斯性（或至少表现得更好）的一种方法是使用数据变换（Power

Transformations)，例如 Box 和 Cox（1964）引入的著名 Box-Cox 变换（Box-Cox Transformation），定义如下：

$$BC_\lambda(x) = \begin{cases} (x^\lambda - 1)/\lambda \text{ , 如果 } \lambda \neq 0 \\ \log(x) \text{ , 如果 } \lambda = 0 \end{cases}$$

该数据变换的思路是将数据 x 提高到某个幂 λ。但是，这仅适用于非负数据点，因此在尝试应用此转换时要注意：一个好的做法是获取数据的绝对值。也可以使用 Yeo 和 Johnson（1997）的幂变换，它同时适用于正值和负值。

```
In [13]: pt = PowerTransformer(method='yeo-johnson')
         data_gauss = pt.fit_transform(X_scaled)

In [14]: print("------ Before Power Transformation ------")
         classification_plots.plot_hist(X_scaled,features,'MEDV')

------ Before Power Transformation ------
```

数据变换前如图 1.9 所示。

```
In [15]: print("------ After Power Transformation ------")
         classification_plots.plot_hist(data_gauss,features,'MEDV')
------ After Power Transformation ------
```

数据变换后如图 1.10 所示。

1.2.3 类别变量的处理

类别变量（Categorical Variable）描述了特定类别的特征，该特征由假设的有限个值来刻画。这里通过展示两种不同的方法来介绍如何在 Python 中处理类别变量：一种方法使用 Pandas API，另一种方法使用 scikit-learn。为了便于说明，这里将使用一个包含一系列意大利餐厅数据的玩具数据集。

```
In [16]: reader = DataIngestion(df='restaurant.csv',col_target = 'tip')
         data = reader.load_data()

In [17]: data.head()
```

```
Out[17]:    total_bill   tip      city      sex smoker  day    time  size
         0       16.99   Yes     Milan   Female    Yes  Sat   Lunch     2
         1       10.34    No      Rome     Male     No  Sun  Dinner     3
         2       21.01    No   Bergamo     Male     No  Mon  Dinner     3
         3       23.68    No    Naples     Male     No  Sun  Dinner     2
         4       24.59   Yes     Milan   Female     No  Fri  Dinner     4
```

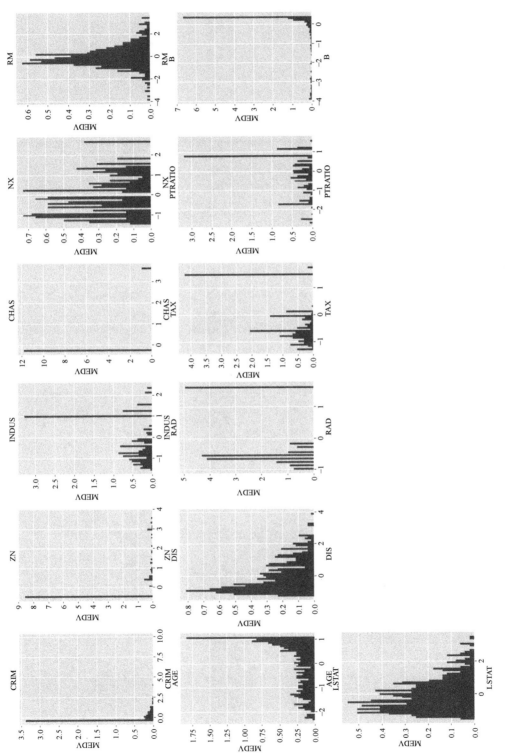

图 1.9 数据变换（Power Transformations）前

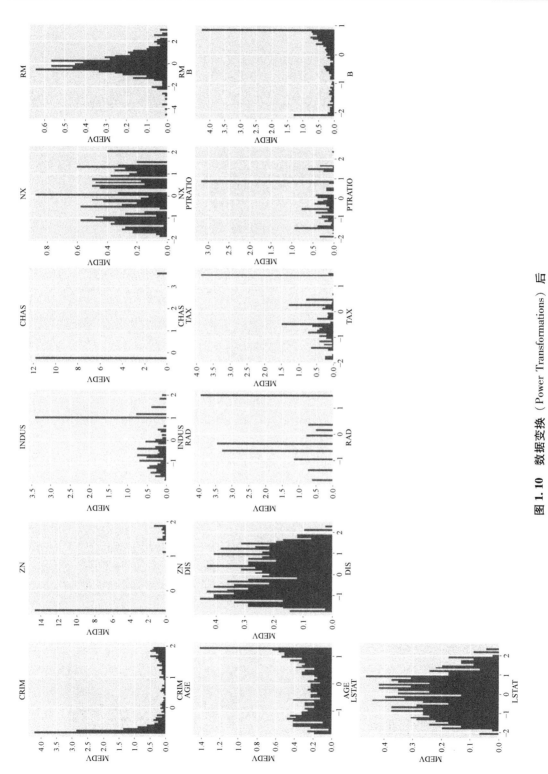

图 1.10 数据变换（Power Transformations）后

可以看到，除了目标变量 tip 外，这个玩具数据集中还有 5 个类别变量：city、sex、smoker、day 和 time。由于希望特征是实数，所以需要在训练模型之前以某种方式转换它们。一种可能的方法是应用序数编码，它实际上为类别变量中的每个不同值分配一个实数。

```
In [18]: categorical_variables = ['city','sex','smoker','day','time']

In [19]: data['day_ord']= data['day'].astype("category").cat.codes

In [20]: data.head()
```

```
Out [20]:   total_bill  tip    city     sex  smoker  day     time  size  day_ord
         0       16.99  Yes    Milan  Female     Yes  Sat    Lunch     2        2
         1       10.34   No     Rome    Male      No  Sun   Dinner     3        3
         2       21.01   No  Bergamo    Male      No  Mon   Dinner     3        1
         3       23.68   No   Naples    Male      No  Sun   Dinner     2        3
         4       24.59  Yes    Milan  Female      No  Fri   Dinner     4        0
```

这个过程有一些缺点，例如，它会创建一些值并对值进行排序。对于 day 变量，这么做很合适，但数据集中有一个 city 列（表示餐厅所在的城市），对该列进行排序没有任何意义。一个解决方案是使用哑编码（Dummy Encoding），并使用 Pandas 函数 get_dummies，在 scikit-learn 框架中也称为 OneHotEncoder。特别地，正在做的是为类别变量的每个可能值添加一个新特征（实际上是数据框中的一个新列）。这在 Pandas 中很容易实现，如下所示：

```
In [21]: data_dummized = pd.get_dummies(data,prefix_sep='_',
                                  prefix=categorical_variables,
                                  columns=categorical_variables,
                                  drop_first=False)
```

此函数可将变量分类为对象或类别变量，但可以通过使用函数调用中的 columns 属性来控制将要编码的变量。这里将所有可用数据进行哑编码：这样做没有问题，特别是如果要建立一个生产系统，新数据会进入模型，但人们需要先验地知道所有数据存在哪些类。例如，没有在训练集中观察到城市 Trento，但在生产中可能会碰巧观察到它。显然，人们无法从中学到任何东西，但如果有一个有效的动机来包含它，则可能会在训练集中对其进行编码，即使人们没有观察到它。为此，可以使用 Pandas 的分类方法：

```
In [22]: cat=['Milan', 'Rome', 'Bergamo',
              'Naples', 'Como', 'Trieste',
              'Brescia', 'Turin', 'Florence', 'Trento']
         data['city']=pd.Categorical(data['city'],categories=cat)
         pd.get_dummies(data, columns=['city']).head()
```

```
Out[22]:     total_bill  tip     sex  smoker  day    time  size  day_ord  city_Milan  \
         0        16.99  Yes  Female     Yes  Sat   Lunch     2        2           1
         1        10.34   No    Male      No  Sun  Dinner     3        3           0
         2        21.01   No    Male      No  Mon  Dinner     3        1           0
         3        23.68   No    Male      No  Sun  Dinner     2        3           0
         4        24.59  Yes  Female      No  Fri  Dinner     4        0           1

            city_Rome  city_Bergamo  city_Naples  city_Como  city_Trieste  \
         0          0             0            0          0             0
         1          1             0            0          0             0
         2          0             1            0          0             0
         3          0             0            1          0             0
         4          0             0            0          0             0

            city_Brescia  city_Turin  city_Florence  city_Trento
         0             0           0              0            0
         1             0           0              0            0
         2             0           0              0            0
         3             0           0              0            0
         4             0           0              0            0
```

在 scikit-learn 中，哑编码是通过 OneHotEncoder 类应用的：OneHotEncoder 类为其 fit( ) 方法提供的所有列都是类别特征，但是这在许多情况下并不是最优的，因为在数据集中通常同时具有类别特征和连续特征。以下代码段生成了从 fit( ) 方法应用到整个数据中获得的输出：

```
In [23]: ohe = OneHotEncoder().fit(data)
         ohe.transform(data).toarray()

Out[23]: array([[0., 0., 0., ..., 0., 0., 0.],
                [0., 0., 0., ..., 0., 0., 0.],
                [0., 0., 0., ..., 0., 0., 0.],
                ...,
                [0., 0., 1., ..., 0., 1., 0.],
                [0., 0., 0., ..., 0., 0., 1.],
                [0., 0., 0., ..., 0., 0., 0.]])
```

在 scikit-learn（版本 0.20.0）中引入了一种转换类别变量的新方法，称为 ColumnTransformer，它的工作原理类似于 Pipeline 类。特别是，它不仅能够将多个转换组合到一个步骤中，而且还允许使用特定的转换器选择要转换的列。

```
In [24]: from sklearn.compose import make_column_transformer

In [25]: categ = data.dtypes == object
```

```
preprocess = make_column_transformer(
                    (StandardScaler(), ~categ),
                    (OneHotEncoder(),categ))
model = make_pipeline(preprocess, KNeighborsClassifier() )
```

以上代码的主要作用如下：

1）定义哪些变量是类别变量。

2）告诉机器哪一列不具有类别特性，然后应用标准放缩器转换，否则使用 OneHotEn-coder。

3）放在一个适合分类器的管道中。

需注意，OneHotEncoder 会导致共线性（Collinearity），这对不含惩罚项的线性模型来说可能是个问题。我们将在第 2 章继续讨论这一话题。

1.2.4 缺失值的处理

在拟合模型之前执行的另一个非常常见的预处理步骤是缺失值（Missing Values）插补。这在实践中很常见，存在缺失值的原因有很多，这里对此不进行讨论。缺失值插补通常有两种策略：

1）删除存在缺失值的样本。

2）用合理的统计量来估算缺失值。

这里使用本书预处理类中的方法 spotting_null_values 来介绍第二种策略。为了更好地理解，这里使用了虚拟数据，以便用户对 spotting_null_values 方法的用法有较清晰的了解。

```
In [26]: data_ = pd.DataFrame({'col1':[np.nan,2,4,8,10],
                               'col2':[23,26,28,32,40],
                               'col3':[11000, 9500, np.nan,
                                       np.nan, 14760]},
                               columns = ['col1','col2','col3'])

In [27]: data_

Out[27]:    col1  col2     col3
         0   NaN    23  11000.0
         1   2.0    26   9500.0
         2   4.0    28      NaN
         3   8.0    32      NaN
         4  10.0    40  14760.0
```

spotting_null_values 方法执行两个主要操作。首先，它查找用户关注的列的类型：如果是对象类型，则计算该列的模式；如果是连续的，则计算该列的中位数（中位数是一个对异常值具有鲁棒性的统计量）。然后，对于每一行，查找任何可能的缺失值：如果发现了缺失值，则同时考虑列的类型和第一步中计算的值，并输入该值。这里使用本书特定的方法 spotting_null_values 来做到这一点。

```
In [28]: Preprocessing(list(data_),data_).spotting_null_values()

Out[28]:     col1   col2      col3
         0    6.0     23    11000.0
         1    2.0     26     9500.0
         2    4.0     28    11000.0
         3    8.0     32    11000.0
         4   10.0     40    14760.0
```

此操作应在使用任何放缩方法之前完成。值得一提的另一种情况是类别变量的插补：在很多应用程序中，最好将空类别留在虚拟化阶段，这是合理的，尤其是在必须处理特定类别时。一个简单的例子是信用卡的交易类型：如果交易类型缺失，则估算该缺失值没有任何意义，因为人们会将一些有偏见的信息放入数据中，这与现实不符。

感兴趣的读者可以从 scikit-learn 0.21.0 版的 Impute 类中找到一种新的、动态的、强大的插补方法，称为 IterativeImputer，它通过使用监督学习模型将具有缺失值的每个特征建模为其他特征的函数来估算缺失值。本质上，选择每一列，并将其用作目标，同时使用其他 $k-1$ 个特征作为所选监督模型（如随机森林或线性回归器）的输入，然后使用该模型预测缺失值。

1.3 不平衡数据的处理方法

到目前为止，我们专注于一些重要的特征，这些特征在全局范围内区分数据集，即如何处理类别变量（或缺失值）以及如何放缩数据。数据集预处理可能是构建机器学习模型中最重要的一步，因为模型结果将严重依赖于该步骤。然而，真实数据集的处理涉及尚未讨论的许多其他可能的特征，如数据集不平衡的问题。不平衡数据集（Imbalanced Variables）经常出现在分类问题中，这些类在样本之间分布不均匀。不幸的是，这是机器学习和计算机视觉中相当普遍的问题，因为人们可能没有足够数量的训练样本来正确预测少数类。这个问题会影响到不同的领域，包括使用 f-MRI 进行癌症诊断、网络安全和金融犯罪等。例如，保险公司正在投入资源构建机器学习管道（ML Pipelines）以检测索赔申请中的欺诈行为。幸运的是，它们中的大多数都不是欺诈性的，只有少数属于正类（即欺诈类）。因此，如果试图在这样一个不平衡的数据集上拟合分类器，则可能会得到一个有偏差的模型，因为分类器总是预测关于样本最常见的训练类，因此可获得非常高的准确率。例如，尝试在不平衡的 Kaggle 信用卡欺诈检测数据集上拟合一个简单的 kNN 分类器。该数据集包含欧洲信用卡交易，284807 笔交易中有 492 笔被标记为欺诈，如图 1.11 所示。

```
In [29]: from egeaML import DataIngestion
         from sklearn.utils import resample
         from imblearn.over_sampling import SMOTE
```

```
In [30]: di = DataIngestion(df='creditcard.csv', col_to_drop=None,
                            col_target='Class')
         df = di.load_data()
         title = ' Imbalanced Credit Card Fraud Dataset'
         di.plot_counts('Class', 'title')
```

```
Out[30]: <matplotlib.axes._subplots.AxesSubplot at 0x1a346f6400>
```

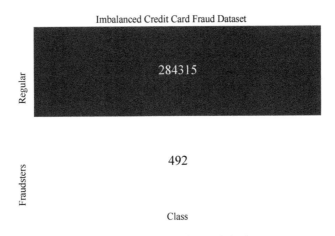

图 1.11　欧洲信用卡交易数据集

```
In [31]: X = di.features()
         y = di.target()
```

```
In [32]: X_train, X_test, y_train, y_test = di.split_train_test(
         test_size=0.3, random_seed=42)
```

现在拟合一个简单的 kNN 模型，并查看它在这个不平衡数据集上的表现。

```
In [33]: knn = KNeighborsClassifier(n_neighbors=1)
         knn.fit(X_train,y_train)
         y_pred = knn.predict(X_test)
         score = knn.score(X_test,y_test)
         print("accuracy: {:.4f}".format(score))
```

```
accuracy: 0.9984
```

在上面的例子中，得到了一个虚幻的、几乎完美的准确率，因为 492 次欺诈仅占所有训练交易的 0.1727%。因此，在分类框架中处理不平衡数据集时，准确率不再是一个好的评价指标。因此，至少有 3 种不同的可能性来解决这个问题：

1）改变算法。这可能是一个简单的选择，但有时它会增加负类的性能。如今，一个非常流行的选择是集成方法。

2）改变评价指标。不使用准确率，可能会使用精确率或召回率（关于这些概念，请参阅第 2 章）。

3）采用重采样技术。在计算机视觉社区，当数据集太小而无法训练图像识别器时，这种策略已广泛用于对图像进行重采样。如今，当人们不得不面对给定类中的数据短缺时，这在机器学习中被广泛使用。

本节将重点介绍允许对少数类进行过采样或对多数类进行欠采样的重采样技术。

1.3.1 少数类的随机过采样

少数类的随机过采样是指向少数类添加更多样本。虽然这种简单但功能强大的策略允许人们获得平衡类，但这种技术的主要缺点是只是重复地添加先前样本，增加了过拟合的可能性，为此使用 scikit-learn 中的 resample 函数。由于目标是对少数类进行上采样（upsample），因此希望通过将 n_samples 设置为 len（\textsf{majority_class}）来使少数类具有与多数类相同的长度。

```
In [34]: train, test = train_test_split(df,
                                         test_size=0.3,
                                         random_state=42)
```

```
In [35]: major_class = train[train.Class==0]
         minority_class = train[train.Class==1]
         upsampled_class = resample(minority_class,
                                    replace=True,
```

```
                          n_samples=len(major_class),
                          random_state=27)
        upsampled_data = pd.concat([major_class, upsampled_class])
In [36]: plt.figure(figsize=(8, 5))
        t='Balanced Classes after upsampling.'
        upsampled_data.Class.value_counts().plot(kind='bar', title=t)
Out[36]: <matplotlib.axes._subplots.AxesSubplot at 0x1153d0e80>
```

过采样后的平衡类如图 1.12 所示。

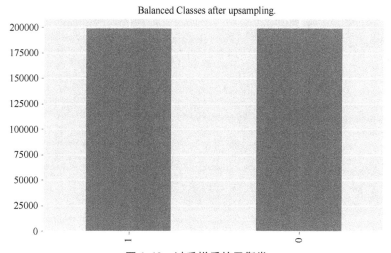

图 1.12　过采样后的平衡类

1.3.2　多数类的随机欠采样

多数类的随机欠采样是指从多数类中删除样本。这种技术的主要缺点是从多数类中删除样本可能会导致训练集中的大量信息丢失，从而导致欠拟合。

```
In [37]: down_class = resample(major_class,
                              replace=False,
                              n_samples=len(minority_class),
                              random_state=27)

        downsampled_data = pd.concat([down_class, minority_class])
In [38]: plt.figure(figsize=(8, 5))
```

```
        t='Balanced Classes after upsampling.'
        downsampled_data.Class.value_counts().plot(kind='bar', title=t)
Out[38]: <matplotlib.axes._subplots.AxesSubplot at 0x1a35e92b70>
```

欠采样后的平衡类如图 1.13 所示。

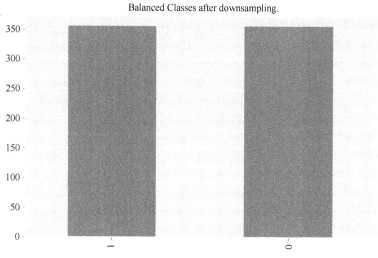

图 1.13　欠采样后的平衡类

1.3.3　合成少数类过采样

合成少数类过采样技术（Synthetic Minority Oversampling Technique，SMOTE）作为随机过采样的替代方法，是由 Chawla 等人在 2002 年提出的。它融合了目前深入讨论的两个思想：随机抽样和 kNN。事实上，SMOTE 允许从少数类创建新数据（它们不是观察到的数据的副本，这不同于随机重采样的策略），并自动计算这些点的 kNN。合成点被添加到所选点与其相邻点之间。注意，在以下代码段中，作为 scikit-learn 项目一部分的 imblearn API 使用 SMOTE。

```
In [39]: smote = SMOTE(sampling_strategy='minority')
         X_smote, y_smote = smote.fit_sample(X_train, y_train)
         X_smote = pd.DataFrame(X_smote, columns=X_train.columns )
         y_smote = pd.DataFrame(y_smote, columns=['Class'])


In [40]: smote_data = pd.concat([X_smote,y_smote],axis=1)
```

```
plt.figure(figsize=(8, 5))
title='Balanced Classes using SMOTE'
smote_data.Class.value_counts().plot(kind='bar', title=title)
```

Out[40]: <matplotlib.axes._subplots.AxesSubplot at 0x1a36e25080>

使用 SMOTE 的平衡类如图 1.14 所示。

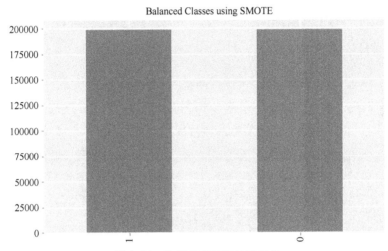

图 1.14　使用 SMOTE 的平衡类

注意：当参数 sampling_strategy 的值为"minority"时，会强制算法以 1 : 1 的比率重采样少数类。

1.4　降维：主成分分析（PCA）

现代机器学习中，从事数据科学的人们必须处理大量的变量。例如，在计算机视觉问题中，必须处理图像分类，这是基于像素的机器表示。为了进行定量分析，这些像素被描述为量化（二元）变量（Quantitative（Binary）Variables）。一个自然的问题是：一张图像有多少像素？如果选择一张清晰度为 4K 的图片，它的分辨率是 3840×2160 像素，要处理这样的图像，需要考虑 24883200 个变量（只需将像素数乘以 3 个颜色通道，即蓝色、红色和绿色）。这是大量的特征，处理所有这些特征对于许多机器学习算法来说可能非常麻烦。事实上，高维会增加计算复杂度，同时也会增加过拟合的风险和稀疏的可能性。因此，通过将数据投影到维度较少的空间来降低问题的维度是一种很好的做法，这样，前面说的计算复杂度

29

等将会得到控制。

现有的文献中存在大量的降维技术，但这里将重点关注主成分分析（Principal Component Analysis，PCA）。

PCA 是在多元问题中减少维数的最古老和最著名的方法之一。它的基本原理如下：找到一些主成分，这些主成分包含的因变量信息与原始预测变量集中包含的信息一样多，这个原始预测变量集被转换为一组较小的线性组合，称为主成分（PC）。这些新变量（即 PC）是不相关且有序的，因此第一个 PC 是保存原始特征集中信息的最大的那个变量。需注意，在回归问题中，它本质上用于防止（或减少）自变量之间的共线性（Collinearity）。

1.4.1 使用 PCA 进行降维

PCA 的基本原理是旋转数据集，使旋转的特征在统计上不相关。进行这种旋转之后，通常会根据它们对解释数据的重要性来选择主成分。该算法的工作原理如下：首先，寻找一个向量（或方向），使其包含大部分信息，即特征彼此最相关的方向；然后，该算法找到包含最多信息并且和第一个方向正交（成直角）的方向，以此类推。在二维空间中，只有一种可能的方向，即成直角的方向，但在更高维的空间中，将有许多正交方向。每个向量的长度都表示该轴在描述数据分布中的重要性，也就是说，它是原始数据投影到轴上时数据方差的度量。每个数据在主轴上的投影都是该数据的主要成分。

作为一个说明性例子，考虑以下玩具数据集，如图 1.15 所示。

```
In [41]: rng = np.random.RandomState(1)
         X = np.dot(rng.rand(2, 2), rng.randn(2, 200)).T
         plt.scatter(X[:, 0], X[:, 1], alpha=0.2)
         plt.axis('equal')
```

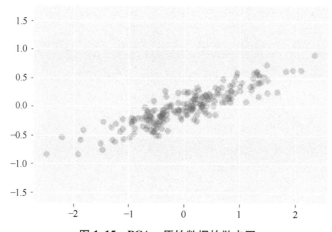

图 1.15　PCA：原始数据的散点图

使用 PCA 进行降维意味着仅使用几个成分（Component），从而导致原始数据集的低维表示保留了最大数据方差。这在 scikit-learn 中很容易实现，可使用 PCA 类中的 fit_transform 方法：在这个例子中，原始数据被缩减为一个维度。

```
In [42]: pca = PCA(n_components=1)
         X_pca = pca.fit_transform(X)
         print("original shape:    ", X.shape)
         print("transformed shape:", X_pca.shape)

original shape:    (200, 2)
transformed shape: (200, 1)
```

图 1.16 所示为这种降维对原始数据的影响。

```
In [43]: X_new = pca.inverse_transform(X_pca)
         plt.scatter(X[:, 0], X[:, 1], alpha=0.2)
         plt.scatter(X_new[:, 0], X_new[:, 1], alpha=0.8)
         plt.axis('equal');
```

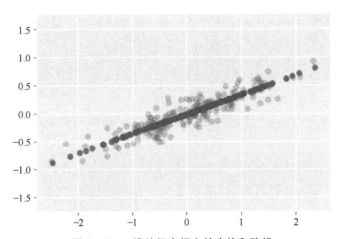

图 1.16　二维特征空间上的变换和降维

颜色较浅的点是原始数据，而颜色较深的点是投影。这清楚地说明了 PCA 的意义：沿着不重要的一个或多个主轴的信息被删除，只留下数据中具有最高方差的成分。值得注意的是，被忽略的方差值（与该图中形成的线的点分布成比例）大致衡量了这种降维过程中丢弃了多少信息。

```
In [44]: print(pca.explained_variance_)

[ 0.7625315]
```

在处理真实数据时，在应用 PCA 之前应该对数据进行放缩，否则相对于其他成分，较大特征的幅度将主导第一个成分。下面利用乳腺癌数据进行说明。注意，fit_transform 方法将数据转换为前 n（$n=2$）个主成分。结果如图 1.17 所示。

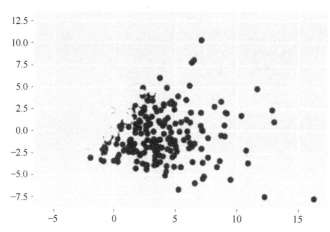

图 1.17　经过放缩后的数据，转换为前两个主成分

```
In [45]: from sklearn.pipeline import make_pipeline
         from sklearn.datasets import load_breast_cancer
         df = load_breast_cancer()
         pca = make_pipeline(StandardScaler(),PCA(n_components=2))
         X_pca = pca.fit_transform(df.data)
         plt.scatter(X_pca[:,0], X_pca[:,1], c=df.target)


Out[45]: <matplotlib.collections.PathCollection at 0x1a1ad75e48>

In [46]: components = pca.named_steps['pca'].components_
         plt.imshow(components.T)
         plt.yticks(range(len(df.feature_names)), df.feature_names)
         plt.colorbar()
         plt.show()
```

如图 1.18 所示，现在的所有特征（带有放缩）都对第一个主成分有贡献。如果不执行放缩，则某些特征将具有较大的量级，而具有较大量级的特征将有助于第一个主成分。从图 1.18 还可以看到，在第一个主成分中，所有特征都具有相同的符号。这意味着所有特征之间存在普遍的相关性。一个测量值很高，其他测量值也可能很高。第二个主成分有混合符号，两个主成分都涉及所有 30 个特征。

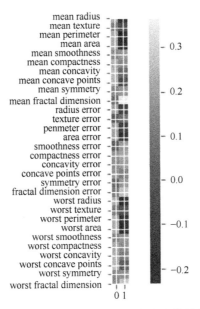

图 1.18　每个特征对前两个主成分的影响

1.4.2　特征提取

上一小节介绍了 PCA 作为一种算法，它通过旋转原始数据然后丢弃具有较低方差的成分来转换原始数据。PCA 的另一个应用是特征提取。特征提取背后的思想是可以找到数据的一个（线性）表示（representation）来更好地描述该数据。换句话说，目标是尝试找到一些数字，即 PCA 旋转后的新特征值，从而可以将测试样本表示为主成分的加权和。

这里将通过处理 Wild 数据集的 Labeled Faces 中的人脸图像给出一个利用 PCA 对图像进行特征提取的非常简单的应用。该数据集包含从 Internet 下载的名人面部图像，其中包括 21 世纪初期的政治家、歌手、演员和运动员的面孔，共有 3023 张图像，每张图像的大小是 62×47 像素。这些图像属于 62 个不同的人。

因此，有 2914 个特征，这里将使用 PCA 来降低问题的维数。

```
In [47]: from sklearn.datasets import fetch_lfw_people
         faces = fetch_lfw_people(min_faces_per_person=20)
         print("Image Shape: {}".format(faces.images.shape))
         print("Number of Features: {}".format(faces.data.shape[1]))
         print("Number of classes: {}".format(len(faces.target_names)))
         X = faces.data
         y=faces.target
```

```
Image Shape: (3023, 62, 47)
Number of Features: 2914
Number of classes: 62
```

人脸识别中的一个常见任务是查询以前未出现过的人脸图像是否属于数据库中的某个人。这在照片集、社交媒体和安全应用程序中都有应用。解决这个问题的一种方法是构建一个分类器，其中每个人都是一个单独的类。然而，人脸数据库中通常有很多不同的人，并且同一个人的图像很少（即每个类的训练样本很少）。这使得训练大多数分类器变得困难。一个简单的解决方案是使用 1-最近邻分类器来寻找与正在分类的人脸最相似的人脸图像。

```
In [48]: X_train, X_test, y_train, y_test = train_test_split(X, y,
                              stratify=y,random_state=0)
         print(X_train.shape)
         knn = KNeighborsClassifier(n_neighbors=1)
         knn.fit(X_train, y_train)
         print("Test set score of 1-nn: {:.2f}".format(knn.score(
                 X_test, y_test)))
```

```
(2267, 2914)
Test set score of 1-nn: 0.33
```

这里获得了 33%的准确率，这对于 62 类的分类问题并没有那么糟糕，因为随机猜测只有大约 1.5%的准确率。然而这个结果也不够好，毕竟平均每 3 次才能正确识别一个人。首先注意到这里的特征比样本多，这可能是许多标准算法都会存在的问题。同样地，PCA 所保留的主成分个数最大不超过特征数和样本量之间的最小值。

```
In [49]: pca = PCA(n_components=100, whiten=True,
                              random_state=0).fit(X_train)
         X_train_pca = pca.transform(X_train)
         X_test_pca = pca.transform(X_test)
         print("X_train_pca.shape: {}".format(X_train_pca.shape))
         knn = KNeighborsClassifier(n_neighbors=1)
         knn.fit(X_train_pca, y_train)
         print("Test set score of 1-nn: {:.2f}".
         format(knn.score(X_test_pca, y_test)))
```

```
X_train_pca.shape: (2267, 100)
Test set score of 1-nn: 0.46
```

通过减少问题的维数，即使采用简单的算法，如 1-NN，也能将准确率提高到 46%。

1.4.3　非线性流形算法：t-SNE

PCA 是一种构建特定线性变换的方法，它会产生样本的新坐标。该新坐标具有非常明确的特性，如不同分量之间的正交性。换句话说，PCA 只有在数据基本上处于线性可分的情况下才能很好地工作。通常情况下，当没有此类线性可分数据时，采用流形学习算法（如 t-SNE）来计算训练数据的新表示，而不是像在 PCA 中那样转换它们。t-SNE 的关键思想是找到数据的二维表示，以尽可能地保留点之间的距离。

t-SNE 是 van der Maaten 和 Hinton 在 2008 年提出的一种算法。该算法的目标是，在数据线性不可分的情况下也能够对相似的数据点进行分组。然而，虽然 t-SNE 非常擅长处理聚类相似样本的这一特定目标，但与 PCA 相比，它有一个主要缺点：它提供了数据的低维表示，但它没有给出转换。换句话说，不能以与解释 PCA 中的主成分类似的方式来解释维数。因此，t-SNE 探索多维数据可能有用，但在需要对机器学习模型进行物理解释的任务中，它可能没有用，比如把 PCA 应用到 Logistic 回归时的例子。t-SNE 在遗传学中非常有用，特别是在下一代测序中，用于评估单细胞转录组数据。PCA 应用如图 1.19 所示。

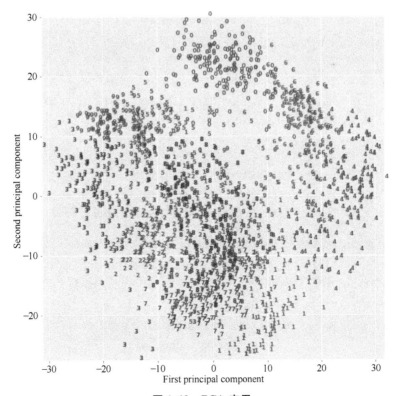

图 1.19　PCA 应用

```
In [50]: from sklearn.datasets import load_digits
         digits = load_digits()
         pca = PCA(n_components=2)
         pca.fit(digits.data)
         digits_pca = pca.transform(digits.data)
         colors = ["#476A2A", "#7851B8", "#BD3430", "#4A2D4E",
                   "#875525", "#A83683", "#4E655E", "#853541",
                    "#3A3120", "#535D8E"]
         plt.figure(figsize=(10, 10))
         plt.xlim(digits_pca[:, 0].min(), digits_pca[:, 0].max())
         plt.ylim(digits_pca[:, 1].min(), digits_pca[:, 1].max())
         for i in range(len(digits.data)):
                 plt.text(digits_pca[i, 0], digits_pca[i, 1],
                         str(digits.target[i]),
                         color = colors[digits.target[i]],
                         fontdict={'weight': 'bold', 'size': 9})
         plt.xlabel("First principal component")
         plt.ylabel("Second principal component")

Out[50]: Text(0,0.5,'Second principal component')
```

如图 1.19 所示，使用前两个主成分，0 类、6 类和 4 类相对较好地分开，尽管它们仍然重叠。大多数其他数字重叠较多。将 t-SNE 应用于相同的数据集并比较结果。t-SNE 不支持转换新数据，TSNE 类没有转换方法。相反，可以调用 fit_transform 方法，它会构建模型并立即返回转换后的数据。t-SNE 在 digits 手写字体数据集的应用如图 1.20 所示。

```
In [51]: from sklearn.manifold import TSNE
         tsne = TSNE(random_state=42, perplexity=30)
         digits_tsne = tsne.fit_transform(digits.data)

In [52]: plt.figure(figsize=(10, 10))
         plt.xlim(digits_tsne[:, 0].min(), digits_tsne[:, 0].max() + 1)
         plt.ylim(digits_tsne[:, 1].min(), digits_tsne[:, 1].max() + 1)
         for i in range(len(digits.data)):
                 plt.text(digits_tsne[i, 0], digits_tsne[i, 1],
                         str(digits.target[i]),
                         color = colors[digits.target[i]],
                         fontdict={'weight': 'bold', 'size': 9})
```

```
          plt.xlabel("t-SNE feature 0")
          plt.xlabel("t-SNE feature 1")

Out[52]: Text(0.5,0,'t-SNE feature 1')
```

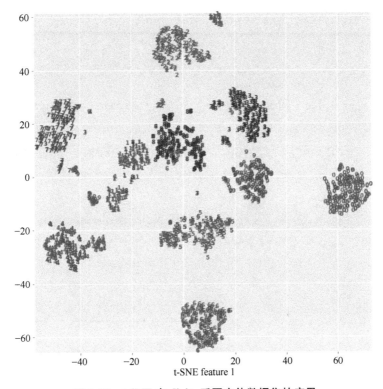

图 1.20　t-SNE 在 digits 手写字体数据集的应用

　　如图 1.20 所示，使用 t-SNE 得到的结果非常显著。所有的类都很明显地被分开。1 类和 9 类有些没有分开，但大多数类形成了一个密集的组。此方法没有使用类标签：它完全是无监督的。尽管如此，它仍然可以在两个维度上找到数据的表示形式。该表示形式可以在仅基于原始空间中点的接近程度的情况下清楚地分类。

第 2 章
机器学习线性模型

回归模型是最简单的监督机器学习技术之一。回归模型可根据一组特征预测连续变量。特别地，本章将关注线性模型。实际上，线性模型意味着被预测变量可表示为给定特征的线性组合。本章还介绍回归分析中的收缩方法（Shrinkage Methods），并讨论所给出模型的特性和模型之间的关系。另外，本章还讨论了 Logistic 回归、支持向量机（Support Vector Machine，SVM）及核模型。

```
In [1]: from egeaML import DataIngestion, plots
        from sklearn.linear_model import LinearRegression, Ridge,
                            Lasso, ElasticNet
        from sklearn.model_selection import cross_val_score,
                            GridSearchCV, train_test_split
        from sklearn.metrics import mean_squared_error
```

这里仍然使用波士顿房价数据集，该数据集可在 egeaML 库中获得。人们希望根据一些特征来预测房价的中位数，通常将特征与目标变量（即中值）分开。同时，将数据集拆分为训练集（即用于训练模型的数据集）和测试集（即对训练后得到的模型进行性能测试的数据集）。

```
In [2]: di = DataIngestion(df='boston.csv',col_to_drop=None,
                            col_target='MEDV')
        X = di.features()
        y = di.target()
        X_train, X_test, y_train, y_test= train_test_split(X,y,
                test_size=0.3,random_state=42)
```

2.1　线性回归

普通最小二乘（Ordinary Least Square，OLS）回归模型是用于分析波士顿房价数据的最简单模型。它的目标是找到参数向量（用 β 表示），使得残差的平方和最小（表达式如下）。这相当于说，在训练集中预测 $\hat{y}$ 应该尽可能接近真实的 y。

$$\min_{\beta \in \mathbf{R}^p} \sum_{i=1}^{p} \| \beta^{\mathrm{T}} x_i - y_i \|^2$$

注意，特征不应该是线性相关的（即没有共线性），满秩假设保证了 $\hat{\beta}$ 是唯一的。

为了拟合线性回归模型，scikit-learn 需要一个非常简单的命令组合，它由两个简单的命令组成，如下所示：

```
In [3]: reg = LinearRegression()
        fit = reg.fit(X_train,y_train)
        print('Regression R2 Score: {:.4f}'.format(reg.score(
                                    X_test,y_test)))


Regression R2 Score: 0.7112
```

我们已经训练了一个线性模型，现在想查看模型在新数据上的表现。因此，在测试集上拟合模型，并使用 RMSE 作为得分指标来评估其性能。

R^2 是 MSE 的标准化版本，但通常使用 MSE 作为报告指标，因为它是人们试图最小化的损失函数。然而，R^2 是有用的，因为它不依赖于数据的规模，而且很容易解释。R^2 的正式定义如下：

$$R^2 = 1 - \frac{\Sigma_i \, (y_i - \hat{y})^2}{\Sigma_i \, (y_i - \overline{y})^2}$$

其中，分母表示方差，而分子表示残差平方和。同样，MSE 定义为：

$$\mathrm{MSE}(\hat{\beta}) = \frac{1}{n} \sum_{i=1}^{n} (y_i - \hat{y})^2$$

```
In [4]: y_pred = reg.predict(X_test)
        e = y_pred-y_test
        print('RMSE:{:.4f}'.format(np.sqrt(mean_squared_error(
                                    y_test,y_pred))))


RMSE:4.6387
```

这个结果很好，但它可能是偶然给出的。正如在第 1 章中所讨论的，可能的策略是实施 k-Fold 交叉验证来验证模型性能。将数据拆分为 $k = 10$ 个不同的子集，保留第一个子集作为测试集，剩下的 9 个作为训练集。在这个训练集上拟合模型，并在测试集上评估性能，获得分数。然后将第二个子集作为测试集，剩下的 9 个作为训练集。重复与前面的过程，获得新的分数。对每一子集重复这个过程，然后获得 10 个不同的分数。最后计算这些分数的平均值，并将其与之前从第一次分析中获得的分数进行比较。

```
In [5]: cv_scores = cross_val_score(reg,X_train, y_train, cv=10)
        print("Average 10-Fold CV Score: {}".format(
                                    (np.mean(cv_scores)) ))

Average 10-Fold CV Score: 0.6875346951141157
```

该模型看起来在波士顿房价数据集上表现良好。注意，线性模型的拟合能力取决于模型的自由度数，即在拟合模型时考虑的特征数。如果样本数量足够大（与特征数量相比），那么 OLS 应该会表现得很好。然而，随着特征数量的增加，正则化模型的表现要好得多。

2.2　收缩方法

2.2.1　Ridge 回归（L_2 正则化）

在所有无偏线性技术中，OLS 估计系数是具有最低方差的最佳线性无偏估计量（Best Linear Unbiased Estimators，BLUE），它能达到 Cramer-Rao 下限。然而，众所周知，方差和偏差之间存在着统计折中（trade-off）。因此，可以通过允许参数估计有偏差来生成具有较小 MSE 的模型。这有一个重要的优势：引入一些偏差，显然会降低效率，但会减少测试误差。由于偏差的定义是模型的平均预测值与旨在预测的真实总体值之间的差异，因此一般而言，MSE 可以重写如下：

$$\text{MSE}(\hat{\beta}) = \text{Var}(\hat{\beta}) + \text{bias}(\beta, \hat{\beta})$$

一种建立有偏回归模型的方法是对误差平方和（Sum of the Squared Errors，SSE）添加惩罚。本小节介绍 Ridge 回归模型，该模型对平方回归参数的总和加入了惩罚项：

$$\min_{\beta \in \mathbf{R}^p} \sum_{i=1}^{p} \|\beta^{\mathrm{T}} x_i - y_i\|^2 + \alpha \|\beta\|^2$$

从技术上讲，添加了一个惩罚项，它由 β 的 L_2 范数的平方组成，这表示在参数估计上使用了二阶惩罚（即平方）。使用这种范数，参数估计的值越大，受到的惩罚则越多。实际上，随着惩罚变大，这种方法将估计值缩小到接近 0，这就是为什么这些技术也称为收缩方法（Shrinkage Method）的原因。就 L_2 范数而言，与使用较小的 α 值时相比，当使用较大的 α 值时，系数估计值要小得多。

牺牲一些偏差，通常可以将方差减小到足以使整体 MSE 低于无偏差模型（如 OLS）。Ridge 模型在模型的简单性（接近 0 的系数）和它在训练集上的性能之间进行了折中。模型对简单性与训练集性能的重视程度由超参数 α 指定。增加 α 会使系数更接近 0，这会降低训练集的性能，但可能有助于在测试集上泛化（Generalization）。一般来说，通过约束模型，训练性能是较差的，但人们希望模型能更好地在测试集上泛化。事实上，如果增加 α，则模型复杂度会下降，但测试分数至少会在一段时间内上升（或者与没有正则化的模型相比会变得更好）。

诸如 Ridge 之类的正则化模型依赖于应该估计的超参数 α。为了评估它们，首先需要找到允许估计模型的最优 α 值。

另外，Ridge 解决方案在输入放缩下不等效，因此需要对变量进行中心化和放缩，以使它们处于相同的单位。

换句话说，Ridge 回归通过对系数的大小添加惩罚项来规范线性回归。因此，系数朝着 0 收缩。但是，如果自变量没有相同的尺度，那么收缩是不公平的。因为惩罚项是所有系数的平方和，所以两个不同尺度的自变量会对惩罚项有不同的贡献。为了避免此类问题，应对自变量中心化和放缩。

以下代码使用 scikit-learn 的 Ridge 类在 Python 中实现 Ridge 回归模型的拟合。

```
In [6]: ridge = Ridge(normalize=True)
        ridge.fit(X_train, y_train)
        ridge.score(X_test,y_test)
        score = format(ridge.score(X_test,y_test), '.4f')
        print('Ridge Reg Score with Normalization: {}'.format(score))

Ridge Reg Score with Normalization: 0.6241

In [7]: from sklearn.pipeline import make_pipeline, Pipeline
        from sklearn.preprocessing import StandardScaler
        pipe = make_pipeline(StandardScaler(), Ridge())
        pipe.fit(X_train,y_train)
        score_pipe = format(pipe.score(X_test,y_test), '.4f')
        print('Standardized Ridge Score:{}'.format(score_pipe))

Standardized Ridge Score: 0.7108
```

在数值上可以看出对模型的估计有相当大的改进（与线性回归相比）。但为了更好地理解对估计值的惩罚效应，绘制了不同 α 值的收缩效应。这向人们展示了回归系数向 0 收缩的效应。

```
In [8]: ridge = Ridge(normalize=True)
        alphas = np.logspace(-3,3,10)
        coef = []
        for a in alphas:
            ridge.set_params(alpha=a)
            ridge.fit(X_train,y_train)
            coef.append(ridge.coef_)
        ax = plt.gca()
        ax.plot(alphas, coef)
        ax.set_xscale('log')
        ax.set_xlim(ax.get_xlim())
        plt.xlabel('$\\alpha$ (alpha)')
        plt.ylabel('Regression Coefficients')
        plt.show()
```

图 2.1 所示为系数如何随着 α 变大而收缩到 0。为了选择决定最佳模型的 α 值，这里使用交叉验证解决方案，即寻找 α 的值使 R^2 最大化，这是 scikit-learn 中默认的得分指标，可通过执行 GridSearchCV 来完成。

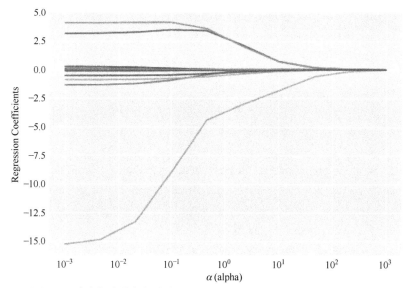

图 2.1 波士顿房价数据集在 L_2 正则化模型下的回归系数的收缩效应

```
In [9]: param_grid = {'alpha': np.logspace(-3,3,10)}
        grid = GridSearchCV(ridge, param_grid, cv=10,
```

```
                             return_train_score=True)
        grid.fit(X_train,y_train)
        best_score = float(format(grid.best_score_, '.4f'))
        print('Best CV score: {:.4f}'.format(grid.best_score_))
        print('Best parameter :',grid.best_params_)
```

Best CV score: 0.6887
Best parameter : {'alpha': 0.1}

下面为不同的 α 值拟合一系列 Ridge 回归模型。

```
In [10]: def ridge_reg(alpha_par):
             ridge = Ridge(alpha=alpha_par, normalize=True)
             ridge.fit(X_train,y_train)
             ridge.predict(X_test)
             score = format(ridge.score(X_test,y_test), '.4f')
             if alpha_par == 'best_score':
                 print('Model with best alpha=', str(alpha_par) +
                 ' has a score equal to ' + str(score))
             else:
                 print('Model with alpha=' + str(alpha_par) +
                  ' has a score equal to ' + str(score))

In [11]: for a in [best_score, 1, 10]:
             ridge_reg(a)
```

Model with alpha=0.1 has a score equal to 0.6997
Model with alpha=1 has a score equal to 0.6241
Model with alpha=10 has a score equal to 0.2951

可以看到，模型性能随着 α 变大而急剧下降。这里的 Ridge 模型的最佳分数是在 $\alpha=0.1$ 时获得的。通常，人们不仅对估计值感兴趣，而且对估计值的不确定性也感兴趣，因此，这里查看在交叉验证的训练集和测试集上的变化性有多大，并用适当的图显示。L_2 正则化模型在不同参数值下的平均训练得分与平均测试得分及相应的不确定性如图 2.2 所示。

```
In [12]: train_scores_mean = grid.cv_results_["mean_train_score"]
         train_scores_std = grid.cv_results_["std_train_score"]
         test_scores_mean = grid.cv_results_["mean_test_score"]
```

```
test_scores_std = grid.cv_results_["std_test_score"]

plt.figure()
plt.title('Model Performance')
plt.xlabel('$\\alpha$ (alpha)')
plt.ylabel('Score')

plt.semilogx(alphas, train_scores_mean,
             label='Mean Train Score',color='navy')

plt.gca().fill_between(alphas,
                       train_scores_mean - train_scores_std,
                       train_scores_mean + train_scores_std,
                       alpha=0.2,
                       color='navy')
plt.semilogx(alphas, test_scores_mean,
             label='Mean Test Score', color='darkorange')

plt.gca().fill_between(alphas,
                       test_scores_mean - test_scores_std,
                       test_scores_mean + test_scores_std,
                       alpha=0.2,
                       color='darkorange')

plt.legend(loc='best')
plt.show()
```

可以看到，参数在某个值之后，不确定性明显降低，虽然模型在训练集上的得分总是比在测试集上的得分更好，但两个得分非常接近。

2.2.2 Lasso 回归（L_1正则化）

虽然 Ridge 回归将参数估计缩小到接近 0，但对任何惩罚值，模型都不会将某些参数值设置为 0。即使某些参数估计值变得可以忽略不计，Ridge 回归也不会进行特征选择。Ridge 回归的一个主要的替代方法是 Lasso 回归，它是由 Tibshirani 在 1996 年引入的。Ridge 回归使用了类似的惩罚项：

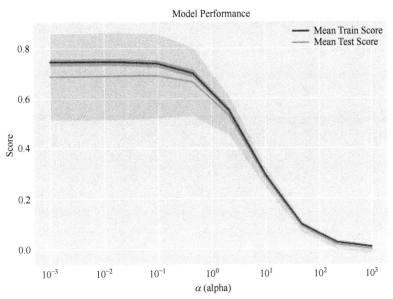

图 2.2　L_2 正则化模型在不同参数值下的平均训练得分（Mean Train Score）

与平均测试得分（Mean Test Score）**及相应的不确定性**

$$\min_{\beta \in \mathbf{R}^p} \sum_{i=1}^{p} \|\beta^{\mathrm{T}} x_i - y_i\|^2 + \alpha \|\beta\|_1$$

与 Ridge 回归不同的是，这里使用了 L_1 范数，它是绝对值的和。注意到 L_2 范数更多地惩罚系数 β 非常大的分量。虽然回归系数仍然缩小到接近 0，但与 L_2 范数不同，L_1 平等地惩罚系数 β 的每个分量。在实践中，这实际上意味着对于 α 的某些值，将系数 β 的一些分量设置为 0。因此该模型不仅执行正则化来改进模型，而且还进行了一种特征选择。

在下面的代码片段中，将为不同的 α 值拟合一系列 Lasso 模型，然后将所有估计系数附加到一个新列表中。使用 L_1 正则化对回归系数的收缩影响如图 2.3 所示。

```
In [13]: lasso = Lasso(max_iter=10000,normalize=True)
         coefs = list()
         for alpha in alphas:
             lasso.set_params(alpha=alpha)
             lasso.fit(X_train,y_train)
             coefs.append(lasso.coef_)
         ax = plt.gca()
         ax.plot(alphas, coefs)
         ax.set_xscale('log')
         ax.set_xlim(ax.get_xlim())
```

```
plt.xlabel('$\\alpha$ (alpha)')
plt.ylabel('Regression Coefficients')
plt.show()
```

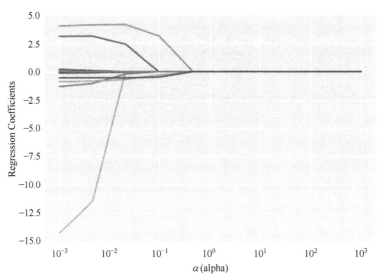

图 2.3　使用 L_1 正则化对回归系数的收缩影响

　　通常，人们采用 Lasso 回归，因为它可将一些系数缩小到 0，这可以理解为一种特征选择。这里在波士顿房价数据集上采用了这种方法，并查看哪些特征与预测房价中位数相关。L_1 正则化的特征重要性示例如图 2.4 所示。

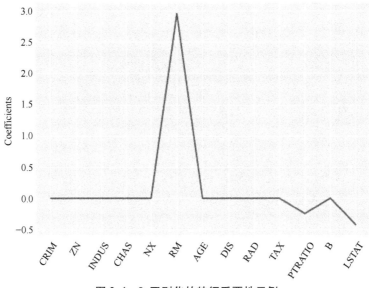

图 2.4　L_1 正则化的特征重要性示例

```
In [14]: names = df.drop('MEDV', axis=1).columns
         lasso = Lasso(alpha=0.1, normalize=True)
         lasso_coef = lasso.fit(X, y).coef_

         _ = plt.plot(range(len(names)), lasso_coef)
         _ = plt.xticks(range(len(names)), names, rotation=60)
         _ = plt.ylabel('Coefficients')
         plt.show()
```

在 Lasso 方法中，系数最重要的预测变量的值不为 0，而其他的则收缩为 0。这对于任何机器学习模型来说都是非常重要的过程，因为它允许根据影响因变量的重要因素来传达数值结果。

2.2.3　弹性网络回归

作为 Lasso 回归模型的推广，弹性网络（Elastic Net）回归是由 Zou 和 Hastie 于 2005 年引入的，它将 L_1 和 L_2 惩罚结合在一起：

$$\min_{\beta \in \mathbf{R}^p} \sum_{i=1}^{p} \|\beta^{\mathrm{T}} x_i - y_i\|^2 + \alpha_1 \|\beta\|_1 + \alpha_2 \|\beta\|_2^2$$

在 scikit-learn 中，它的参数化方式不同：

$$\min_{\beta \in \mathbf{R}^p} \sum_{i=1}^{p} \|\beta^{\mathrm{T}} x_i - y_i\|^2 + \alpha \eta \|\beta\|_1 + \alpha (1 - \eta) \|\beta\|_2^2$$

式中，η 代表了 L_1 惩罚的相对量。

```
In [15]: steps = [('scaler', StandardScaler()),
                   ('elasticnet', ElasticNet())]

         pipeline = Pipeline(steps)

         parameters = {'elasticnet__l1_ratio': np.linspace(0, 1, 30)}
         gm_cv = GridSearchCV(pipeline, param_grid=parameters)
         gm_cv.fit(X_train, y_train)
         r2 = gm_cv.score(X_test, y_test)
         print("Tuned ElasticNet Alpha: {}".format(gm_cv.best_params_))
         print("Tuned ElasticNet R squared: {}".format(r2))

Tuned ElasticNet Alpha: {'elasticnet__l1_ratio': 0.9310}
Tuned ElasticNet R squared: 0.6441
```

2.3　稳健回归

```
In [16]: from sklearn.linear_model import LinearRegression,
                              HuberRegressor, RANSACRegressor
        from sklearn import datasets
        import numpy as np
        from matplotlib import pyplot as plt
```

到目前为止，我们研究的模型在构造上对异常值很敏感。在标准统计中，可以通过多种方式定义异常值。通常情况下，异常值是与样本中的其他观察值显著不同的样本。特别地，当可以合理地假设样本来自正态分布时，检测异常值的一种流行方法是使用经验法则，它表示大约 68% 的观察值位于距离均值一倍标准差 σ 以内的位置。鉴于此，通常将异常值识别为属于该分布中极端事件的样本，如 ±3σ 以上。

但为什么线性模型对异常值敏感？到目前为止，所研究的所有方法都基于最小化残差平方和，因此拟合中的每个点都对这个目标成本函数有贡献。为了克服这个潜在问题，稳健回归（Robust Regression）提供了标准线性模型的有效替代方案。当怀疑样本中存在异常值或模型中存在异方差时，特别建议使用稳健回归。特别地，由于异常值往往会通过影响拟合曲线的斜率来显著影响 OLS 拟合估计过程，因此稳健回归模型会减少异常值的影响，从而更容易检测异常值。

这里将介绍几种稳健回归拟合的方法，即 Huber 回归和随机采样一致性（RANdom SAmple Consensus，RANSAC），前者由 Huber 于 1964 年提出，后者由 Fischler 和 Bolles 于 1981 年提出。图 2.5 所示为实践中的经验法则：异常值在此分布中被识别为极端事件。

2.3.1　Huber 回归

Huber 回归由 Peter Huber 在 1964 年提出，它通过在原始输出模型（即观察值和预测值之间的差异）太大时引入对异常值不太敏感的损失来扩展标准 OLS。具体来说，这是通过引入一个分段函数的损失来实现的。也就是说基于一个 ε 参数来优化样本的平方损失或绝对损失。本质上，参数 ε 控制影响拟合的异常值的数量。更正式地，希望最小化以下损失函数：

$$\min_{\beta} \sum_{i=1}^{n} L(y_i, f(x_i))$$

其中

$$L(y, f(x)) = \begin{cases} (y-f(x))^2, & \text{如果} |y-f(x)| < \varepsilon \\ 2\varepsilon |y-f(x)|, & \text{其他情况} \end{cases}$$

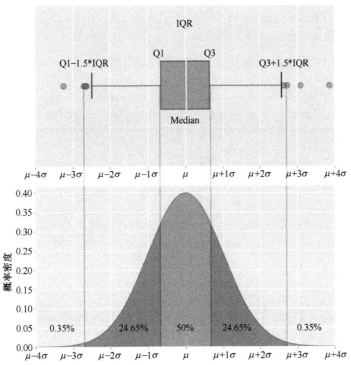

图 2.5　实践中的经验法则：异常值在此分布中被识别为极端事件

因此，Huber 损失函数对于小的预测误差是平方的，对于较大的预测误差是线性的，这可能在观察到异常值时发生，如图 2.6 所示。从统计的角度来看，这个估计量属于 M-估计量家族，这是一种识别最大似然估计量的方法。

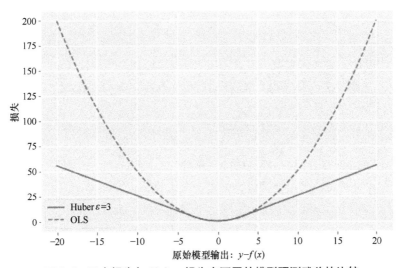

图 2.6　平方损失与 Huber 损失在不同的模型预测残差的比较

```
In [17]: plt.figure(figsize=(8,5))
         data = np.linspace(-20, 20)
         huber_loss = plots.huber_loss(data)
         squared_loss =  0.5 * data ** 2
         plots.plot_loss_(data, huber_loss, squared_loss,
                          'Huber Loss', 'Squared Loss',
                          'Huber $\epsilon=3$', 'OLS')
```

为了便于说明，这里尝试在具有异常值的数据集上拟合一个简单的 OLS 模型。如图 2.7 所示，估计的模型被一些异常值拉下（这些异常值位于图的右面）。这里应用了两次名为 fit_huber 的自定义函数。本质上，该函数拟合 Huber Regressor，并返回估计的回归模型。再次从图 2.7 中看到，$\varepsilon \to 1$ 生成一个忽略异常值的模型，当这个参数变大时，模型趋向于接近 OLS 估计量。

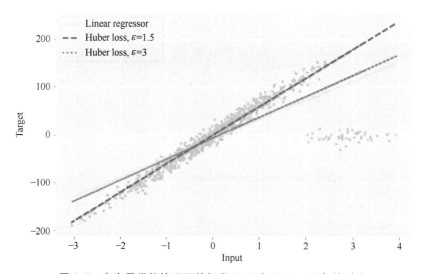

图 2.7　存在异常值情况下的标准 **OLS** 和 **Huber** 回归的对比

```
In [18]: def fit_Huber(X,y,epsilon):
         huber = HuberRegressor(epsilon=epsilon)
         huber.fit(X, y)
         coef_huber = huber.coef_ *X + huber.intercept_
         return coef_huber

         def fit_OLS(X,y):
```

```
              lr = LinearRegression()
              lr.fit(X, y)
              coef_lr = lr.coef_ *X + lr.intercept_
              return coef_lr
In [19]: X, y, coef = datasets.make_regression(n_samples=800,
                                               n_features=1,
                                               n_informative=1,
                                               noise=10, coef=True,
                                               random_state=0)

         n_outliers = 50
         X[:n_outliers] = 3 + 0.5*np.random.normal(size=(n_outliers,1))
         y[:n_outliers] = -3 + 10*np.random.normal(size=n_outliers)

         ols = fit_OLS(X,y)
         huber1 = fit_Huber(X,y,epsilon=1.5)
         huber2 = fit_Huber(X,y,epsilon=3)
In [20]: plt.figure(figsize=(8,5))
plt.scatter(X,y,color='yellowgreen', marker='.')
plt.plot(X, ols, label='Linear regressor',
         color='gold', linestyle='solid', linewidth=2)
plt.plot(X, huber1, label="Huber loss, $\epsilon=1.5$",
         color='green', linestyle='dashed', linewidth=2)
plt.plot(X, huber2, label="Huber loss, $\epsilon=3$",
         color='red', linestyle='dotted', linewidth=2 )
plt.legend(loc='upper left')
plt.xlabel("Input")
plt.ylabel("Target")
plt.show()
```

2.3.2　RANSAC

　　准确地说，RANSAC 不是一个统计模型，而是一种迭代算法。该算法于 1981 年提出，结果证明它可以非常有效地处理异常值。它将可用数据分为两个不同的子集，即外点（Outlier）

和内点（Inlier）。内点也可表示为假设的内点。假设的内点用于拟合模型，而前一个子集（即外点）则用于计算残差。所有与模型预测相一致的点都被分组以形成一致集（Consensus Set）。RANSAC 算法不停地迭代，直到一致集足够大，然后在这个足够大的一致集上拟合模型。下面的代码片段包含一个自定义函数，称为 fit_RANSAC，它可返回预测模型，在这个合成数据集上的拟合结果如图 2.8 所示。

```
In [21]: def fit_RANSAC(X,y):
             """
             This Function fits a RANSAC Regressor and returns
             the (best) fitted model, as well as the ordered X.
             The function also returns the set of inliers and
             outliers on which the model was fitted"""

             rc = RANSACRegressor()
             rc.fit(X, y)
             yhat = rc.predict(X)
             pred = rc.estimator_.coef_*X + rc.estimator_.intercept_
             return pred

         ransac=fit_RANSAC(X,y)

In [22]: plt.figure(figsize=(8,5))
         plt.scatter(X,y,color='yellowgreen', marker='.')
         plt.plot(X, ols, label='Linear regressor',
                 color='gold', linestyle='solid', linewidth=2)
         plt.plot(X, huber1, label="Huber loss, $\epsilon=1.5$",
                 color='green',linestyle='dotted', linewidth=2)
         plt.plot(X, ransac,label='RANSAC regressor',
                 color='cornflowerblue', linestyle='dashed', linewidth=2)
         plt.legend(loc='upper left')
         plt.xlabel("Input")
         plt.ylabel("Target")
         plt.show()
```

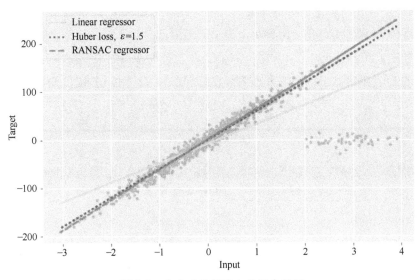

图 2.8　在合成数据集上的拟合结果

2.4　Logistic 回归

回归和分类问题的区别在于：在前者中，真正的重点是对连续变量的估计；而在后者中，人们只对预测的类别感兴趣，即特定样本是否属于某个类。特别地，人们会对模型在预测方面的性能感兴趣。人们希望通过找到最小化错误分类数量的 β（以及存在截距情况下的 β）来优化此过程。但是，错误分类是什么意思？就损失函数而言，回归模型通常会最小化平方误差，但如果假设目标值为 1（如在二分类中），那么这种二次损失函数会惩罚与目标值较大的偏差。这对分类没有多少价值。因为人们只关心将测试样本分类到正确的类中，而接近真实值在分类问题中没有多大意义。

这里可以考虑使用所谓的 0-1 损失，它采用错误分类的总和。例如，如果预测正确，那么损失为 0，否则为 1。不幸的是，这样的函数很难最小化（因为它不是凸的，甚至不是连续的），所以可能会考虑使用对数损失函数。对数损失函数是 0-1 损失函数的更平滑版本，可用于逻辑回归，具体定义为：

$$\sum_{i=1}^{n} \log(\exp(-y_i \beta^{\mathrm{T}} x_i) + 1)$$

2.4.1　Logistic 回归为什么是线性的

在二分类问题中，目标是在给定一组独立特征的情况下预测二元结果 $y = \{0, 1\}$。当使用 Logistic 回归对二元结果变量进行建模时，假设结果变量的 logit 变换与预测变量具有线性关系。为了得到这一点，使用 $\hat{y}=\beta^{\mathrm{T}}x+b$ 作为 y 的预测器。这可能是一个合理的选择，特别是当结果是连续的，即 $\hat{y}\in(-\infty, +\infty)$ 时。然而，在二分类中，结果是离散的，即 $y=\{0, 1\}$，因此不适合选择这样的线性函数来预测 y。但是，可以考虑应用 Logistic 函数（也称为 sigmoid 函数），它接收任何实数输入 $t\in\mathbf{R}$，并输出一个介于 $[0, 1]$ 之间的值，即：

$$\sigma(t)=\frac{1}{1+\mathrm{e}^{-t}}$$

由于要根据观察到的特征来预测样本属于哪个类，因此使用特征的线性组合作为分类器，即 $\beta^{\mathrm{T}}x$，那么 sigmoid 函数就变成了：

$$P(y=1)=\sigma(\beta^{\mathrm{T}}x)=\frac{1}{1+\mathrm{e}^{-\beta^{\mathrm{T}}x}}$$

借助于这个函数，能将 $\hat{y}$ 从 $(-\infty, +\infty)$ 映射到 $[0, 1]$，并对能任何二分类问题给出概率解释。

Logistic 函数如图 2.9 所示。

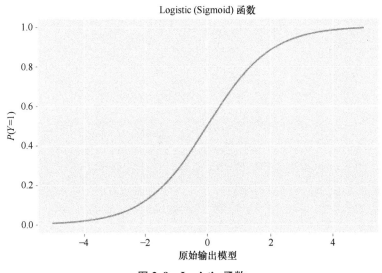

图 2.9　**Logistic 函数**

在 Logistic 回归中，希望 $P(Y=1)$ 很大，因此需要选择 β 使得训练数据集上的对数损失函数最小，即：

$$\min_{\beta\in\mathbf{R}^p}-\sum_{i=1}^{n}\log(\exp(-y_i\beta^{\mathrm{T}}x_i)+1)$$

因此，Logistic 回归是线性的，因为结果取决于原始输出模型（Raw Output Model），即

$\beta^{\mathrm{T}}x$，并为 x 的每个值生成一个线性决策平面（Decision Surface），使得：

$$\frac{1}{1+\mathrm{e}^{\beta^{\mathrm{T}}x}} = 0 \langle\ =\ \rangle \beta^{\mathrm{T}}x = 0$$

然而，Logistic 函数不是线性的。为了得到这一点，考虑 Logistic 函数的逆函数，称为 logit，它是几率比（Odds Ratio）的对数。

考虑某个训练样本 x 属于类 $y=1$ 和类 $y=0$ 的概率之比，即：

$$\frac{P(y=1\,|\,x)}{P(y=0\,|\,x)} = \mathrm{e}^{\beta^{\mathrm{T}}x}$$

然后，两边取对数得到：

$$\log\left(\frac{P(y=1\,|\,x)}{P(y=0\,|\,x)}\right) = \beta^{\mathrm{T}}x$$

这说明 logit（即几率的对数或自然对数）等效于线性回归的表达式。

2.4.2　Logistic 回归预测（原始模型输出）与概率（Sigmoid 输出）

当人们想要对分类问题进行概率解释时，Logistic 回归很有用。由于决策边界（Decision Boundary）由平面 $\beta^{\mathrm{T}}x$ 给出，那么对于特定的训练样本，如果原始模型输出为正，则预测为 1，否则为 0，即：

原始模型输出：$\beta^{\mathrm{T}}x[i]>0 \Rightarrow$ 预测为 1 类。

原始模型输出：$\beta^{\mathrm{T}}x[i]<0 \Rightarrow$ 预测为 0 类。

sigmoid 函数以概率压缩原始模型输出：越远离边界，预测就越准确。因此，

$$P(Y=1\,|\,x) = \sigma(\beta^{\mathrm{T}}x) = \frac{1}{1+\mathrm{e}^{-\beta^{\mathrm{T}}x}} = \begin{cases} \geq 0.5, \hat{y}=1 \\ <0.5, \hat{y}=0 \end{cases}$$

这个函数只用于计算正确分类训练样本的概率，因此如果想要获得概率而不是原始输出模型，则倾向于使用 Logistic 回归。

2.4.3　Python Logistic 回归

```
In [23]: from egeaML import DataIngestion
         from egeaML import classification_plots
         from sklearn.linear_model import LogisticRegression
         from sklearn.metrics import classification_report
         from sklearn.metrics import roc_auc_score, roc_curve
```

为了说明 Logistic 回归模型的工作原理，使用了糖尿病数据集（Diabetes Dataset）。该数

据集可在本书的 GitHub 仓库中找到。首先，读取数据并将其保存到 pandas DataFrame 中。然后，将目标变量（描述是否观察到疾病的虚拟变量）与自变量分开，并将它们分成训练集和测试集。像前面一样，这里使用 DataIngestion 类。

```
In [24]: r = DataIngestion(df='diabetes.csv', col_target = 'diabetes')
         data = r.load_data()
         X = r.features()
         y = r.target()
         X_train, X_test, y_train, y_test = train_test_split(X,y, \
                     test_size=0.3, random_state=42)
```

在 scikit-learn 中拟合 Logistic 回归模型非常简单：

```
In [25]: lr = LogisticRegression()
         lr.fit(X_train,y_train)
         y_pred = lr.predict(X_test)
         print('Prediction:', lr.predict(X_test)[1],\
             lr.predict(X_test)[9],lr.predict(X_test)[25])
         print('Raw Model Output X_test:', \
             (lr.coef_@ X_test[1] + lr.intercept_),
             (lr.coef_@ X_test[9] + lr.intercept_),
             (lr.coef_@ X_test[25] + lr.intercept_))

Prediction: 0 1 1
Raw Model Output X_test: [-1.24489634] [0.73742309] [1.27685211]
```

可以通过应用 predict_proba 函数获得 Logistic 回归中的硬概率（Hard Probabilities）。此函数返回给定样本属于某个特定类别的概率；换句话说，它返回一个向量，其中第一列描述训练样本属于第一类的概率，第二列描述样本属于第二类的概率，以此类推（对于多分类（Multi-class Classification）问题）。这里在训练集前两个样本上应用这个函数，并显示结果。

```
In [26]: lr.predict_proba(X_test)[:2]

Out[26]: array([[0.66557856, 0.33442144],
               [0.77641514, 0.22358486]])
```

分类器报告第一个和第二个训练样本分别超过 66% 和 77% 的置信概率在 0 类中。这与使用 predict 方法得到的预测是一致的。

2.4.4　模型性能评估

在分类问题中，通常将评估模型性能定义为正确预测的比例。为了不失一般性，考虑一个二分类问题。为了评估所选模型的性能，通常借助于混淆矩阵（Confusion Matrix），如图 2.10 所示。更正式地，训练模型在测试集上的准确率为

$$准确率 = \frac{TP+TN}{TP+TN+FP+FN}$$

其中，$TP+TN$ 是对角矩阵的和。这几个量的解释如下：

- TP：真阳性，如果它被预测为正，而它实际上属于正类。
- FP：假阳性，如果它被预测为正，而它实际上属于 0 类。
- FN：假阴性，如果它被预测为 0，而它实际上属于正类。
- TN：真阴性，如果它被预测为 0，而它实际上属于 0 类。

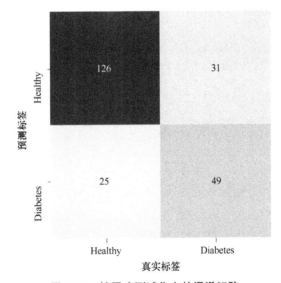

图 2.10　糖尿病测试集上的混淆矩阵

一般来说，人们希望最小化假阴性（FN）的数量并最大化真阳性（TP）的数量，但这取决于正在研究的例子。然而，当正在研究的问题以不平衡类（Imbalanced Classes）为特征时，即当一个类比另一个类出现更频繁时，准确率不是一个好的指标，处理欺诈检测问题时就是这种情况。事实上，欺诈者在观察到的统计样本中只占很小的百分比（但它很有意义），因此，从众多负面案例（即非欺诈者）中发现正面案例（即欺诈者）时，该模型可能会遇到一些困难。有关如何处理不平衡数据集的具体方法，请参阅第 1.3 节。

因此，从混淆矩阵中可以获取其他指标，例如，精确率（Precision）定义为：

$$精确率 = \frac{TP}{TP+FP}$$

召回率（Recall）（也称为真阳性率，True Positive Rate，TPR）定义为：

$$召回率 = \frac{TP}{TP+FN}$$

实际上，高精确率表示对大量 TP 而不是很多 FP 的观察，即没有多少欺诈者被归类为非欺诈者，而高召回率则意味着大多数欺诈者被正确预测。

```
In [27]: labels = ['Healthy', 'Diabetes']
         classification_plots.confusion_matrix(y_test, y_pred,
                                               cmap="Blues",
                                               xticklabels=labels,
                                               yticklabels=labels)
```

精确率和召回率之间存在一个折中，如图 2.11 所示，该图由 egeaML 库中的函数 plot_precision_recall 生成：

```
In [28]: classification_plots.plot_precision_recall(y_test, y_pred)
```

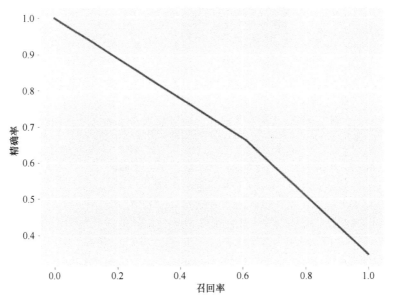

图 2.11　糖尿病数据集的精确率—召回率曲线（PR 曲线）

为了克服这个问题，经常使用一种替代分数，称为 $F1$ 值，它被定义为精确率和召回率的调和平均值：

$$F1\ \text{值} = \frac{2 \times 精确率 \times 召回率}{精确率 + 召回率}$$

精确率、召回率和 $F1$ 值这 3 个指标可以使用 scikit-learn 库提供的 classification_report 方法显示。

```
In [29]: print(classification_report(y_test, y_pred))

              precision    recall   f1-score    support

          0       0.80      0.83       0.82        151
          1       0.66      0.61       0.64         80

avg / total       0.75      0.76       0.76        231
```

分类报告和混淆矩阵是定量评估模型性能的好方法，尤其是在处理多分类问题时。但是，在许多情况下，人们可能更喜欢使用接受者操作特征（Receiver Operating Characteristics，ROC）曲线。它提供了一种直观地评估模型的方法。为了构建 ROC 曲线，使用 predict_proba 方法计算预测概率，并且仅考虑数组的第二列。因为 predict_proba 方法的第一列包含被分类为 0 类的概率，而第二列包含被分类为 1 类的概率。

```
In [30]: y_pred_proba = lr.predict_proba(X_test)[:,1]
         fpr, tpr, threshold = roc_curve(y_test, y_pred_proba)
         plt.plot([0, 1], [0, 1], 'k--')
         plt.plot(fpr, tpr)
         plt.xlabel('False Positive Rate')
         plt.ylabel('True Positive Rate')
         plt.title('ROC Curve')
         plt.show()
```

对于图 2.12，给定一个 ROC 曲线，可以提取一个有意思的度量：ROC 下的面积。ROC 下的面积越大，模型越好。换句话说，假设一个实际上只是随机猜测的二分类器，它大约有 50% 的时间是正确的，由此产生的 ROC 曲线将是一条对角线，其中真阳性率和假阳性率始终相等。ROC 曲线下的面积为 0.5。该区域由 AUC（Area Under the Curve）表示，代表曲线下的面积。AUC 是评估模型信息指标的一种方式。如果 AUC 大于 0.5，则模型优于随机猜测。

还可以使用交叉验证来计算 AUC，这在要确定结果不是偶然获得时很有用。

```
In [31]: roc_auc_score = roc_auc_score(y_test, y_pred_proba)
         cv_scores = cross_val_score(lr,X,y,cv=10,scoring='roc_auc')
         print('ROC AUC Score:{:.4f}'.format(roc_auc_score))
```

```
print('ROC AUC Score using Cross Validation: {:.4f}'.format(
                                            np.mean(cv_scores)))
```

ROC AUC Score:0.8059

ROC AUC Score using Cross Validation: 0.8246

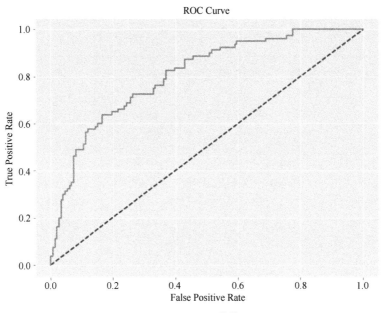

图 2.12　ROC 曲线

2.4.5　正则化

在 Logistic 回归中，默认使用L_2正则化，就像 Ridge 对回归所做的那样。但是L_1正则化无论如何都是可能的，它对特征选择很有吸引力。

与 Ridge 不同，这里有一个超参数 $C = \dfrac{1}{\alpha}$，因此较小的 C 意味着更多的正则化。更多的正则化会惩罚系数 β 较大的分量，这会降低训练准确率（Training Accuracy），但会提高测试准确率（Test Accuracy）。需要留意，L_1执行特征选择（一些系数设置为 0），而L_2将系数收缩到更小。

正则化在高维空间中很有用，Logistic 回归问题可以重写（就损失函数而言）为：

$$\min_{\beta \in \mathbf{R}^p} - C \sum_{i=1}^{n} \log(\exp(-y_i \beta^{\mathrm{T}} x_i) + 1) + \|\beta\|_2^2 \qquad L_2\text{范数}$$

$$\min_{\beta \in \mathbf{R}^p} - C \sum_{i=1}^{n} \log(\exp(-y_i \beta^{\mathrm{T}} x_i) + 1) + \|\beta\|_1 \qquad L_1\text{范数}$$

为了在 L_1 惩罚下拟合 Logistic 回归模型，只需在 LogisticRegression 方法中添加等于 L_1 的参数 penalty 即可，具体见以下代码。

```
In [32]: lr_l1 = LogisticRegression(penalty='l1')
         lr_l2 = LogisticRegression()
         lr_l1.fit(X_train, y_train)
         lr_l2.fit(X_train,y_train)
         print(round(lr_l1.score(X_test,y_test),2) )
         print(round(lr_l2.score(X_test,y_test),2) )

0.7446
0.7576
```

上面的代码显示了两个 Logistic 回归模型，没有指定正则化参数 C。下面利用 GridSearchCV 函数查找在训练集上产生最佳分数的 C。

```
In [33]: c_space = np.logspace(-5, 8, 15)
         param_grid = {'C': c_space,'penalty': ['l1', 'l2']}
         logreg = LogisticRegression()
         logreg_cv = GridSearchCV(logreg, param_grid, cv=5)
         logreg_cv.fit(X_train,y_train)
         print("Tuned Logistic Reg Parameters: {}".format(
                           logreg_cv.best_params_))
         print("Best Train score is {}".format(
                           logreg_cv.best_score_))
         print("Best Test score is {}".format(
                           logreg_cv.score(X_test,y_test)))

Tuned Logistic Reg Parameters: {'C': 3.727593720314938}
Best Train score is 0.7746741154562383
Best Test score is 0.7445887445887446


Tuned Logistic Reg Parameter: {'C': 31.622776601683793,'penalty': 'l2'}
Tuned Logistic Reg Accuracy: 0.7673913043478261
```

在 Logistic 回归中，所有样本都对 β 有贡献。如果遗漏了数据中的任何样本，都将改变模型参数。但是，对支持向量机（Support Vector Machine，SVM）而言，情况并非如此，这将在下一节中讨论。

2.5 线性支持向量机

2.4 小节讨论了 Logistic 回归，它是一个使用 Logistic 损失函数来学习的线性分类器。线性支持向量机（SVM）也是线性分类器，它使用 Hinge 损失而不是对数损失。从广义上讲，log-loss 有时被视为 Hinge 损失的平滑版本，图 2.13 所示为两种损失函数之间的差异。该图是使用 plots 类中的 plot_loss 方法生成的。

```
In [34]: from egeaML import functions_utils,plots,classification_plots
         from sklearn.datasets.samples_generator import make_blobs
         import mglearn
         from sklearn.svm import SVC
         import numpy as np

In [35]: data = np.linspace(-3,3,1000)
         utils = functions_utils(data)
         logistic_loss = utils.logistic_loss()
         hinge_loss = utils.hinge_loss()
         plots.plot_loss(data, logistic_loss, hinge_loss,
                         'Logistic Loss', 'Hinge Loss',
                         'Logistic', 'Hinge',
                         xlim=[-3,3], ylim=[-0.05, 5])
```

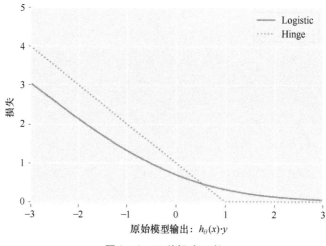

图 2.13　两种损失函数

它们看起来非常相似，但如果一个训练样本落在 0-loss 的 Hinge 区域（右），它对拟合没有贡献。如果删除，则什么都不会改变。相反，位于 1-loss 区域的点称为支持向量，支持向量是不在损失图平坦部分（Flat Part of the Loss Diagram）的样本，即没有 0-loss。

换句话说，支持向量是错误分类或接近边界的样本。这些点与边界平面的接近程度由正则化强度控制：如果样本不是支持向量，则删除它对模型没有影响。这是支持向量机的一个重要特点：只有几个样本点对解决方案有贡献，而在 Logistic 回归中，所有点都对拟合很重要，因为损失中没有 0-loss 平坦区域（Flat Region）。

线性 SVM 寻找使线性可分数据的边距最大化的超平面（并在有重叠类的情况下最小化错误分类的数量）。间隔（Margin）定义为从边界到每个类的最近点的距离。在数学上，目标是选择使 Hinge 损失最小化的 β，即

$$\min_{\beta \in \mathbf{R}^p} \left[C \sum_{i=1}^{n} \max\{0, 1 - y_i \beta^{\mathrm{T}} x_i\} + \frac{\|\beta\|^2}{2} \right]$$

当点远离决策边界的正确一侧时，为了最小化 Hinge 损失，需要有较大的决策函数 $\beta^{\mathrm{T}} x_i$ 值。这就是说，$\beta^{\mathrm{T}} x_i$ 应该与 y_i 具有相同的符号，所以如果它们的乘积为正，那么损失为 0，否则当乘积为负时它随 $\beta^{\mathrm{T}} x_i$ 线性增加。决策函数 $\beta^{\mathrm{T}} x_i$ 越小，损失越大。

在实践中，目标是找到尽可能远离每个类别的数据点的最优决策超平面。换句话说，人们正在寻找最优的分离超平面，它可以最大化间隔（Margin）（该间隔在类 1 和 0 的训练样本之间），并最小化错误分类的数量（当两个类在特征空间中重叠时）。

较大的间隔意味着在拟合中考虑了更多数量的支持向量。更具体地说，每个满足以下条件的样本，即

- 在间隔边界上的样本。
- 不在间隔边界且分类错误的样本。

因为有助于模型求解，因此这些样本称为支持向量。注意，本质上，间隔的大小是 β 长度的倒数，因此较小的值意味着较大的间隔。支持向量是具有非 0 损失且靠近边界的点。

这里使用 scikit-learn 函数 make_blobs 创建一个玩具数据集：它的参数 centers 控制要创建的数据簇，centers＝2 表示产生两个不同的点云。在数据绘制时还加入了其他参数：参数 s＝50 用于确定球的大小，而 c＝y 则可根据 y 值对球着色。

```
In [36]: X, y = make_blobs(n_samples=100, centers=2,n_features=2,
                           random_state=3, cluster_std=1.1)

         plt.scatter(X[:, 0], X[:, 1], c=y, s=50,  cmap='winter')
         plt.xlabel('Feature 0')
         plt.ylabel('Feature 1')
         plt.show()
```

当两个类之间没有重叠时（如上述情况），SVM 旨在找到间隔最大化的最佳决策边界。特别地，间隔最大化等于最小化 β 的长度，因为间隔是 β 的长度的倒数。

```
In [37]: X_train, X_test, y_train, y_test = train_test_split(X,
                          y, test_size=0.3, random_state=42)
         svc = SVC(kernel='linear')
```

用于说明 SVM 的数据散点图如图 2.14 所示。

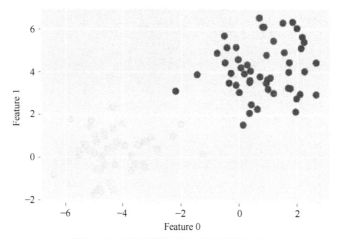

图 2.14　用于说明 SVM 的数据散点图

```
         svc.fit(X_train, y_train)
         pred = svc.predict(X_test)
         print(svc.score(X_test, y_test))
```

1.0

现在使用函数 plot_svc_decision_function 显示从 SVC 获得的决策边界。该函数识别间隔最大化的决策边界及支持向量。

```
In [38]: plt.scatter(X[:, 0], X[:, 1], c=y, s=50, cmap='winter')
         classification_plots.plot_svc_decision_function(svc)
         sv = svc.support_vectors_
         sv_labels= svc.dual_coef_.ravel()>0
         mglearn.discrete_scatter(sv[:,0], sv[:,1], sv_labels, s=10,
                               markeredgewidth=1.5)
         plt.xlabel('Feature 0')
         plt.ylabel('Feature 1')
         plt.show()
```

图 2.15 中的两条虚线是使两组点之间的间隔最大化的分界线。一些训练样本刚好落在间隔边界上。这些样本是此次拟合的关键元素，即支持向量。决策边界和支持向量如图 2.15 所示。

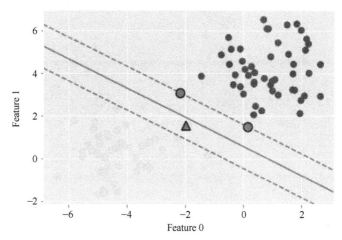

图 2.15　决策边界和支持向量

```
In [39]: svc.support_vectors_

Out[39]: array([[-2.19135348,  3.0939319 ],
                [ 0.13181535,  1.50196496],
                [-1.99456657,  1.53111627]])
```

对于拟合，支持向量的位置很重要：任何远离间隔边界的正确分类点都不会参与拟合。从技术上讲，这是因为这些点对用于拟合模型的损失函数没有贡献，因此只要它们不越过间隔边界，位置和值就无关紧要。

本质上，刚刚使用的数据集描述了数据线性可分的情况，即存在完美决策边界的情况。但是，如果数据有一定程度的重叠怎么办？在这种情况下，SVM 会寻找最大化间隔且最小化错误分类的超平面。例如，考虑图 2.16 中的数据：

```
In [40]: X, y = make_blobs(n_samples=100, centers=2, random_state=0,
                                      cluster_std=1.2)
         plt.scatter(X[:, 0], X[:, 1], c=y, s=50, cmap='winter')
         plt.show()
```

在这种情况下，一种可能的策略是引入一个惩罚项，它允许一些点超出间隔边界，但代价是惩罚它们。软间隔（Softmargins）的名称来自这种惩罚方法。间隔的硬度（Hardness）由一个可调参数控制，用 C 表示，它是 α 的倒数，用于表示线性回归中的正则化参数。使

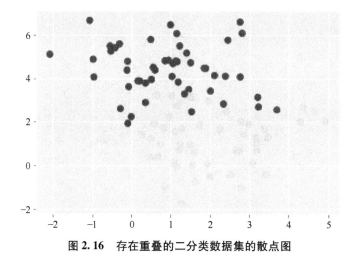

图 2.16　存在重叠的二分类数据集的散点图

用较小的 C 值将导致算法尝试调整大多数数据点，而使用较大的 C 值则会强调每个单独数据点的重要性。换句话说：

- 在低正则化下（即对于较大的 C 值），间隔很紧，样本不能位于其中，因此支持向量很少。

- 在高正则化下（即对于较小的 C 值），间隔更软（Softer），因此支持向量更多，这会影响模型拟合。

```
In [41]: classification_plots.plot_svc_regularization_effect(X=X,y=y,
                            kernel='linear',cmap='winter')
```

间隔正则化的作用如图 2.17 所示。

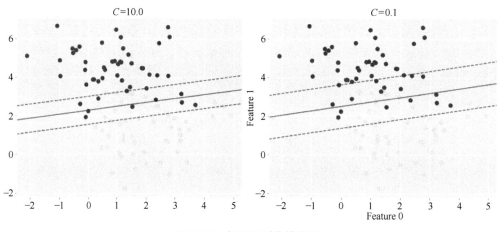

图 2.17　间隔正则化的作用

2.6　逾越线性：核模型

SVM 变得非常强大的原因在于它与核函数（kernels）相结合。为了了解使用核函数的动机，下面看一些不是线性可分的数据。

```
In [42]: from sklearn.datasets.samples_generator import make_circles
         X, y = make_circles(100, factor=.1, noise=.1)
         clf = SVC(kernel='linear').fit(X, y)
         plt.scatter(X[:, 0], X[:, 1], c=y, s=50, cmap='winter')
         classification_plots.plot_svc_decision_function(clf,
                       plot_support=False)
         plt.show()
```

线性超平面不能将该数据分开，如图 2.18 所示。

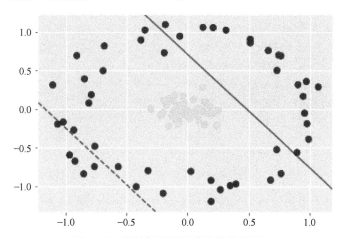

图 2.18　线性超平面不能将该数据分开

使用线性超平面来分离这两个类是不可行的。但是，可以考虑将数据投影到更高的维度，这样就可以保证数据线性可分了。怎样才能做到这一点？可通过简单地添加一组从原始特征中获得的新特征来实现。例如，现在不再将每个数据样本表示为二维点 (x_0, x_1)，而是将其表示为三维点 (x_0, x_1, x_1^2)。这么做的目的是，在数据表示中添加非线性特征可以使线性模型更加强大。然而，人们通常不知道要添加哪些特征，并且添加很多特征可能会使计算非常昂贵。

幸运的是，有一个数学技巧可以让人们在更高维的空间中学习分类器，而且无须实际计算新的、可能非常大的表达式，这被称为核技巧（Kernel Trick）。它通过直接计算扩展特征表示的数据点的距离（更准确地说是标量积）来工作，而无须实际计算扩展特征。

有两种方法可以将数据映射到 SVM 常用的高维空间：

- 多项式核（Polynomial Kernel）。它计算所有可能的多项式，直至达到原始特征的某个阶，如（$x_0^2 x_1^5$）。

- 径向基函数（Radial Basis Function，RBF）核，也称为高斯核。直观地说，它考虑了所有可能的所有阶多项式，但特征的重要性随着阶数的增加而降低。

```
In [43]: clf = SVC(kernel='rbf', C=1E6)
         clf.fit(X,y)
         plt.scatter(X[:,0],X[:,1],c=y,s=50, cmap='winter')
         classification_plots.plot_svc_decision_function(clf)
         plt.scatter(clf.support_vectors_[:,0],
                     clf.support_vectors_[:,1],
                     s=300,lw=1, facecolors='none')
         sv = clf.support_vectors_
         sv_labels= clf.dual_coef_.ravel()>0
         mglearn.discrete_scatter(sv[:,0], sv[:,1], sv_labels,
             s=10, markeredgewidth=1.5)
         plt.xlabel('Feature 0')
         plt.ylabel('Feature 1')
         plt.show()
```

通过使用这个带有径向基函数的核化 SVM，这个数据集学习了一个合适的非线性决策边界。

在非线性数据上采用核技巧会产生非线性决策边界，如图 2.19 所示。

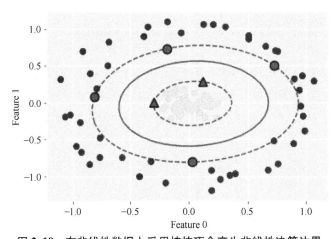

图 2.19 在非线性数据上采用核技巧会产生非线性决策边界

2.6.1　核技巧

假设在最优情况下，β 可以写成数据点的线性组合，即：

$$\beta = \sum_{i=1}^{n} \alpha_i \boldsymbol{x}_i$$

其中，$\alpha_i \geq 0 (i = 1, 2, \cdots, n)$ 被称为对偶系数，仅当 $\boldsymbol{x}_i$ 是支持向量时，$\alpha_i > 0$。α 和 C 之间有一个重要的关系：对每个训练样本 i，满足 $\alpha_i \leq C$，即 C 限制了每个数据点的影响。

$$\hat{y} = \sigma(\beta^{\mathrm{T}} \boldsymbol{x}) \Rightarrow \hat{y} = \sigma\left(\sum_i \alpha_i (\boldsymbol{x}_i^{\mathrm{T}} \boldsymbol{x}) \right)$$

这种重写的思想是，解决方案和预测问题可以用内积 $\boldsymbol{x}_i^{\mathrm{T}} \boldsymbol{x}$ 来表示。假设要进行多项式展开，即允许原始特征之间以特征函数 $\phi(\cdot)$ 的形式存在一些交互项，然后得到：

$$\hat{y} = \sigma\left(\sum_i \alpha_i (\boldsymbol{x}_i^{\mathrm{T}} \boldsymbol{x}) \right) \Rightarrow \hat{y} = \sigma\left(\sum_i \alpha_i (\phi(\boldsymbol{x}_i)^{\mathrm{T}} \phi(\boldsymbol{x})) \right)$$

人们可以尝试给出这样的内积，而不是给出一些可以很好地分离数据点的特征函数 $\phi(\cdot)$（做到这一点不是那么容易）。

换句话说，每当用两个向量 $\boldsymbol{x}_i$ 和 $\boldsymbol{x}_j$ 写出一个正定且对称的函数时，总是存在一个函数 $\phi(\cdot)$ 使得 $k(\boldsymbol{x}_i, \boldsymbol{x}_j)$ 在特征空间 $\phi(\boldsymbol{x}_i)^{\mathrm{T}} \phi(\boldsymbol{x})$ 中。更一般地，对于任何核 $k(\cdot)$：

$$\hat{y} = \sigma\left(\sum_i \alpha_i k(\boldsymbol{x}_i \boldsymbol{x}) \right)$$

这实际上转化为：如果从 100 维原始数据集计算显式多项式，并在它们之间执行所有可能的交互，那么新数据集变为 $(n \cdot 100)^d$，其中 d 是多项式的次数，n 是原始数据中的样本数量。这实际上是不可行的。如果只使用核技巧，则只需要计算训练数据中的内积。例如：

- $\boldsymbol{x} = (1, 2, 3)$ 和 $\boldsymbol{y} = (4, 5, 6)$。
- $\phi(\boldsymbol{x}) = \boldsymbol{x}^2 = (1,2,3,2,4,6,3,6,9)$。
- $\phi(\boldsymbol{y}) = \boldsymbol{y}^2 = (16,20,24,20,25,30,24,30,36)$。
- $\phi(\boldsymbol{x})^{\mathrm{T}} \phi(\boldsymbol{y}) = (16+40+72+40+100+180+72+180+324) = 1024$。

相反，如果使用核技巧，那么 $k(\boldsymbol{x},\boldsymbol{y}) = (\boldsymbol{x}^{\mathrm{T}} \boldsymbol{y})^2 = (4+10+18)^2 = 32^2 = 1024$。

2.6.2　实际分类例子：人脸识别

本小节介绍 SVM 在计算机视觉中一个非常实用且至关重要的应用——人脸识别。

这里将使用一个非常著名的数据集，称为 LFW（Labelled Faces in the Wild）人脸数据集，它由 1288 张名人面孔组成，可通过 http://vis-www.cs.umass.edu/lfw/lfw-funneled.tgz 获得。另外，可以使用以下命令通过 scikit-learn 从 datasets 类中轻松导入该数据集：

```
In [44]: from sklearn.datasets import fetch_lfw_people
```

对于感兴趣的读者，scikit API 提供了另一个人脸数据集，称为 Olivetti 人脸数据集。该数据集由每个主题的 10 张不同图像组成，采用不同的面部表情（睁眼、闭眼，微笑、不微笑）和面部细节（戴眼镜、不戴眼镜）。该数据集也可用于与本小节中类似的应用程序。

```
In [45]: faces = fetch_lfw_people(min_faces_per_person=60)
```

每张图像都包含 1850 个特征：人们可以在模型中简单地使用它们中的每一个，但使用某种预处理器来提取更有意义的特征会更有用。这里将使用 1.4 节中描述的主成分分析（PCA）来提取 150 个基本成分，以输入支持向量机分类器。为此，将预处理器和分类器联合使用到单个管道（Pipeline）中：

```
In [46]:  from sklearn.svm import SVC
          from sklearn.decomposition import PCA
          from sklearn.pipeline import make_pipeline
          from sklearn.model_selection import train_test_split
          pca = PCA(n_components=150, whiten=True, random_state=42,
                              svd_solver='randomized')
          svc = SVC(kernel='rbf', class_weight='balanced')
          model = make_pipeline(pca, svc)
          X_train,X_test,y_train,y_test = train_test_split(faces.data,
           faces.target, test_size=0.3, random_state=42)
```

为了获得更好的性能，可以使用网格搜索交叉验证来探索参数的随机组合。这里将调整控制间隔硬度（Margin Hardness）的 C 和控制径向基函数核大小的 γ 来确定最佳模型。

```
In [47]:  from sklearn.model_selection import GridSearchCV
          param_grid = {'svc__C': [1,5,10,50],
                          'svc__gamma': [0.001,0.0005,0.01,0.1]}
          grid = GridSearchCV(model,param_grid=param_grid, cv=10)
          grid.fit(X_train,y_train)
          print(grid.best_params_)
          print(grid.best_score_)
```

```
{'svc__C': 5, 'svc__gamma': 0.001}
0.829268292683
```

现在使用刚刚得到的最佳模型在测试集上进行预测。在下面的代码片段中，还展示了一组取自于测试集中的图片，记为目标：如果它们的颜色是红色，则模型错误地分类了图像。

```
In [48]:  model = grid.best_estimator_
          yfit = model.predict(X_test)

In [49]:  fig, ax = plt.subplots(4, 6)
          for i, axi in enumerate(ax.flat):

              axi.imshow(X_test[i].reshape(62, 47), cmap='bone')
              axi.set(xticks=[], yticks=[])
              axi.set_ylabel(
                      faces.target_names[yfit[i]].split()[-1],
                      color='black' if yfit[i] == y_test[i]
                      else 'red')
          fig.suptitle('Predicted Names; Incorrect Labels in Red',size=14)
          plt.show()
```

在这个小样本中，最优估计器仅错误标记了几张脸。可以使用 classification_report 方法来更好地了解估计器的性能，该报告按标签列出相应的评价指标，同时还显示了这些标记类之间的混淆矩阵。如图 2.20 所示，这有助于了解其中的哪些标签可能会被估计器混淆。结果表明，估计器的性能相当不错。这表明 SVC 是此类数据的良好估计器。

```
In [50]:  labels = list(faces.target_names)
          classification_plots.confusion_matrix(y_test, yfit,
                                          cmap='YlGnBu',
                                          xticklabels=labels,
                                          yticklabels=labels)

In [51]:  print(classification_report(y_test,yfit,target_names=labels))
```

	precision	recall	f1-score	support
Ariel Sharon	0.68	0.88	0.77	17
Colin Powell	0.80	0.86	0.83	84
Donald Rumsfeld	0.67	0.89	0.76	36
George W Bush	0.91	0.77	0.83	146
Gerhard Schroeder	0.70	0.75	0.72	28
Hugo Chavez	0.89	0.63	0.74	27
Junichiro Koizumi	0.79	0.94	0.86	16
Tony Blair	0.72	0.76	0.74	51
accuracy			0.80	405

macro avg	0.77	0.81	0.78	405
weighted avg	0.81	0.80	0.80	405

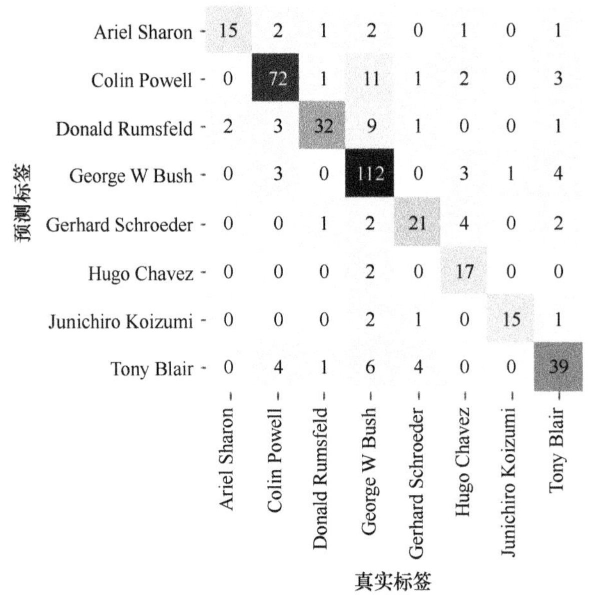

图 2.20　在人脸数据集上结合使用 **PCA** 和 **SVM** 的模型性能

第 3 章
逾越线性：机器学习集成方法

3.1　引言

解决可用数据中的非线性问题的一种流行方法是使用基于树的学习算法，这被认为是监督学习方法中非常好的一类算法。决策树算法就属于这类算法，其预测能力较高，稳定性较好，并且易于解释，因此该算法广受欢迎。决策树算法被称为分类和回归树（Classification and Regression Trees，CARTs），是 Breiman 等人在 1984 年提出的一个术语。

当预测结果是离散类时，使用分类树分析。相反，当预测结果是连续变量（如房价或患者在医院的住院时间）时，使用回归树分析。回归和分类中的树有许多相似之处，但它们也有许多不同之处，如确定在何处拆分树的流程。更具体地说，分类树根据节点纯度（Purity）的概念分割数据，特别地，其优化目标是最大化每次拆分的杂质（Impurity）减少量时；而对于回归任务，通常将模型拟合到一组解释变量，较少关注那些包含它们会增加这些节点的预测误差的特征。本章将主要研究集成（Ensemble）和提升（Boosting）方法。

3.2　集成方法

CARTs 有很多优点：它们易于理解，并且输出易于解释。此外，CARTs 易于使用，其灵活性使它们能够描述特征和标签之间的非线性依赖关系。

另外，与线性模型相比，预处理在数据集创建阶段起着关键作用，CARTs 在将特征作为训练集输入模型之前不需要对特征进行大量预处理。

然而 CARTs 也有很多限制，例如，分类树只能产生正交决策边界。CARTs 对训练集的微小变化也非常敏感：当从训练集中删除一个样本时，估计的参数可能会发生巨大变化。

CARTs 在无约束的情况下也受到高方差的影响。此时可能会过拟合训练集。过拟合情形中，模型很好地描述了训练数据的情况，但它不能推广到未出现在训练集中的数据。然而将模型推广到未现数据是统计学习的目标。

一种利用 CARTs 灵活性的同时减少其记忆噪音倾向的解决方案是集成学习。其关键思想如下：首先在同一个数据集上训练不同的模型，如 Logistic 回归或支持向量分类器，甚至决策树，每个模型都做出自己的预测；然后元模型（Meta-model）聚合每一个模型的预测并输出最终预测。结果是最终的预测比每个单独的模型更稳健，更不容易出错。

下面介绍称为投票分类器的集成方法：这里的集成由 M 个不同的分类器组成，对每个分类器进行预测 $P_i \in \{0, 1\}$，$i = 1, 2, \cdots, M$。元模型通过硬投票（Hard Voting）输出最终预测，这本质上是输出所有分类器预测结果中出现最频繁的分数。

为了展示投票分类器在 Python 中的工作原理，这里使用了心脏病数据集（Heart Disease Dataset）。该数据集可在本书的 GitHub 仓库中找到。

```
In [1]: import pandas as pd
        import numpy as np
        import matplotlib.pyplot as plt
        import seaborn as sns
        from egeaML import DataIngestion, Preprocessing, model_fitting
        from egeaML import xgboost, classification_plots
        from sklearn.linear_model import LogisticRegression
        from sklearn.tree import DecisionTreeClassifier
        from sklearn.svm import SVC
        from sklearn.ensemble import VotingClassifier, BaggingClassifier
        from sklearn.ensemble import RandomForestClassifier,
        from sklearn.ensemble import RandomForestRegressor
        from sklearn.model_selection import train_test_split,GridSearchCV
        from sklearn.metrics import classification_report, accuracy_score
        from sklearn.metrics import mean_squared_error as MSE
```

这里使用本书的 DataIngestion 类来加载数据。首先分别加载特征和目标，然后将数据拆分为训练集和测试集。

```
In [2]: di = DataIngestion(df='heart.csv', col_to_drop= ['Thal'],
                           col_target='AHD')
        X = di.features()
        y = di.target().apply(lambda x: 1 if x=='Yes' else 0)
        X_train, X_test, y_train, y_test = train_test_split(X,y,
                    stratify=y, test_size=0.3, random_state=42)
        X_train = X_train.reset_index(drop=True)
        y_train = y_train.reset_index(drop=True)
```

```
      X_test = X_test.reset_index(drop=True)
      y_test = y_test.reset_index(drop=True)
      train = pd.concat([X_train,y_train],axis=1)
      test = pd.concat([X_test,y_test],axis=1)
```

运行以下代码段，打印前 5 个样本：

```
In [3]: pd.set_option('display.max_columns', 100)
        train.head()
```

```
Out[3]:      Age  Sex     ChestPain  RestBP  Chol  Fbs  RestECG  MaxHR  ExAng  Oldpeak  \
         0    52    0     nonanginal    136   196    0        2    169      0      0.1
         1    59    1     nonanginal    150   212    1        0    157      0      1.6
         2    35    1    nontypical     122   192    0        0    174      0      0.0
         3    58    1   asymptomatic    128   259    0        2    130      1      3.0
         4    71    0    nontypical     160   302    0        0    162      0      0.4

      Slope   Ca  AHD
    0     2  0.0    0
    1     1  0.0    0
    2     1  0.0    0
    3     2  2.0    1
    4     1  2.0    0
```

此时会看到一个类别列，即 ChestPain，它描述了患者遭受的疼痛。为了训练模型，必须做一些预处理，即数据框（Dataframe）中的所有列都必须是数值型，然后将其输入模型。下面利用本书特定的类 Preprocessing 来执行这个基本步骤。

```
In [4]: cat_cols = ['ChestPain']
        df_train= Preprocessing(columns = cat_cols,X=train).dummization()
        df_test = Preprocessing(columns = cat_cols,X=test).dummization()
        X_train_clean = df_train.drop(['AHD'],axis=1)
        y_train_clean = df_train['AHD']
        X_test_clean = df_test.drop(['AHD'],axis=1)
        y_test_clean = df_test['AHD']
```

```
In [5]: X_train_clean.head()
```

```
Out[5]:      Age  Sex  RestBP  Chol  Fbs  RestECG  MaxHR  ExAng  Oldpeak  Slope  \
         0    52    0     136   196    0        2    169      0      0.1      2
         1    59    1     150   212    1        0    157      0      1.6      1
         2    35    1     122   192    0        0    174      0      0.0      1
         3    58    1     128   259    0        2    130      1      3.0      2
```

4	71	0	160	302	0	0	162	0	0.4	1

	Ca	ChestPain_asymptomatic	ChestPain_nonanginal	\
0	0.0	0	1	
1	0.0	0	1	
2	0.0	0	0	
3	2.0	1	0	
4	2.0	0	0	

	ChestPain_nontypical	ChestPain_typical
0	0	0
1	0	0
2	1	0
3	0	0
4	1	0

现在拟合一系列相互独立的模型，看看哪个模型在给定数据下表现得更好。特别地，将使用：

- Logistic 回归模型。
- 决策树分类器。
- 支持向量分类器。

并考察这些模型在测试集上的单个表现。这里将使用 egeaML 库中提供的特定类 model_fitting。在调用 model_fitting 类的方法 fitting_models 之前，先实例化模型，然后要求用户指定模型的名称，以便机器将数据拟合到所需的模型，并测试它们在未见数据上的准确率。作为练习，可以将其扩展到一组不同的模型，并将其推广到拟合机器学习模型的动态方法，但该任务超出了本书的范围。

```
In [6]: lr = LogisticRegression()
        dt = DecisionTreeClassifier()
        svc = SVC()

In [7]: fitting = model_fitting(n=3)
        models_dict = fitting.models_def(
                    model_one ='Logistic Regression', abb1='lr',
                    model_two = 'Decision Tree Clf', abb2 = 'dt',
                    model_three = 'Support Vector Clf', abb3='svc')
        models_dict
```

```
Out[7]: {'Logistic Regression': 'lr',
         'Decision Tree Clf': 'dt',
         'Support Vector Clf': 'svc'}

In [8]: models_ = model_fitting(n=3).get_models(
                    models_dict=models_dict,
                            model_one='LogisticRegression',
                            model_two='DecisionTreeClassifier',
                            model_three='SVC' )

In [9]: model_fitting(n=3).fitting_models(models= models_,
                                    X_train=X_train_clean,
                                    y_train=y_train_clean,
                                    X_test=X_test_clean,
                                    y_test=y_test_clean)

Logistic Regression : 0.8242
Decision Tree Clf : 0.7582
Support Vector Clf : 0.5275
```

看起来 Logistic 回归模型是使给定数据表现最好的模型。像往常一样，这可能是偶然给出的，所以可以使用讨论过的投票分类器来获得一个考虑所有拟合模型的分数。

```
In [10]:  clfs = [('Logistic Regression', lr),
                ('Decision Tree', dt),
                ('Support Vector Classifier', svc)
                ]
         vc = VotingClassifier(estimators=clfs)
         vc.fit(X_train_clean,y_train_clean)
         y_pred = vc.predict(X_test_clean)
         score = format(accuracy_score(y_test_clean,y_pred), '.4f')
         print("Voting Classifier : {}".format(score))

Voting Classifier : 0.8132
```

毫不奇怪，投票分类器的表现与 Logistic 回归一样好，并且比决策树表现得更好，优于支持向量分类器。

3.2.1　自举聚合

本小节介绍一系列名为自举聚合（Bootstrap Aggregation）的模型，也称为 Bagging，这是一种减少训练方差和避免过拟合的方法。

投票分类器是一组模型的集成，这些模型使用不同的算法拟合相同的训练集，然后将测试样本输入每个模型中，最终的预测结果是通过多数投票获得的。

相反，在自举聚合中，集成是由具有相同基线算法（Baseline Algorithm）的模型组成的，但与投票分类器不同的是（在投票分类器中，每个模型都在整个训练集上进行训练），这里的每个模型都在不同的数据子集上进行训练，但保留数据集的所有特征。

减少方差并提高预测准确率的理想方案是从可用数据集中获取许多不同的训练集，为每个训练集都建立一个单独的模型，并对结果预测进行平均。然而，人们无法访问多个训练集，因此通常会采用自举法（Bootstrap）。自举意味着多次从原训练数据集中随机抽取样本（每次抽取的样本数量与原数据集数量相同，抽取的样本可以重复），并在这些新的样本集中进行模型训练。这种方法允许将模型拟合到一系列具有共同特征的训练集上。

对于给定的测试样本，记录每个模型预测的类别，并且总体预测是这些预测中出现频率最高的类别。根据人们要处理的问题，从而产生最终的预测。一方面，在处理分类问题时，最终的预测是通过多数投票获得的。另一方面，当人们专注于回归分析时，最终的预测是各个模型的预测结果的平均值。

```
In [11]:   dt = DecisionTreeClassifier()
           dt.fit(X_train_clean,y_train_clean)
           y_pred_bc = dt.predict(X_test_clean)
           score = accuracy_score(y_test_clean,y_pred_bc)
           print('Test Accuracy of: ' + str(score))
```

```
Test Accuracy of: 0.7582417582417582
```

如果在平台上运行上述代码，则可能会得到不同的结果。这是因为 Bagging 是基于训练集的随机自举。由于超参数不是从数据中学习的，必须进行调试，所以对决策树的两个超参数执行网格搜索（Grid Search）。这两个超参数是 max_depth 和 min_samples_leaf，它们分别描述了树的最大深度和每个叶子的最小样本百分比。使用这种方式可搜索一组最佳超参数，以识别最佳学习算法并获得最佳模型性能。

```
In [12]:   grid = {'max_depth':[3,4,5,6],
                    'min_samples_leaf':[0.5,1,3,5,8,10]}
           dt_ = GridSearchCV(dt, grid, scoring='accuracy',
                     cv=5,n_jobs=-1, verbose=0)
```

```
        dt_.fit(X_train_clean,y_train_clean)
        y_pred_bc = dt_.predict(X_test_clean)
        score = accuracy_score(y_test_clean,y_pred_bc)
        print('Test Accuracy of: ' + str(score))
        print('Best params: {}'.format(dt_.best_params_))
```

```
Test Accuracy of: 0.7802197802197802
Best params: {'max_depth': 4, 'min_samples_leaf': 5}
```

应注意，将 n_jobs 设置为-1 会导致在计算阶段使用所有可用的 CPU 内核。如果对数据实施 Bagging 技术，则会发现它的性能略好于之前定义的基本估计器 dt，即决策树分类器。

```
In [13]:  dt = DecisionTreeClassifier(max_depth=4, min_samples_leaf=5)
          bc = BaggingClassifier(base_estimator =dt_, n_estimators=300,
                                            n_jobs=-1)
          bc.fit(X_train_clean,y_train_clean)
          y_pred_bc = bc.predict(X_test_clean)
          score = accuracy_score(y_test_clean,y_pred_bc)
          print('Test Accuracy of: ' + str(score))
```

```
Test Accuracy of: 0.7912087912087912
```

3.2.2　包外估计（Out-Of-Bag Estimation）

Bagging 算法在拟合某一个模型时，可能会对某些样本进行多次采样。另外，某些样本可能根本不会被采样。平均而言，对于每个模型，67%的训练样本会被采样，其余的33%构成所谓的 OOB（Out-Of-Bag）样本。这部分没有被取样到的样本可用于测试/验证模型的性能，即不需要划分出测试集进行交叉验证，从而减少获得最佳模型的工作量。

为此，可通过将参数 oob_score 指定为 True 来拟合 BaggingClassifier。这允许在训练拟合后评估 Bagging 分类器的 OOB 准确率。

```
In [14]:  dt = DecisionTreeClassifier(max_depth=4, min_samples_leaf=5)
          bc = BaggingClassifier(base_estimator =dt_, n_estimators=300,
                                      oob_score=True, n_jobs=-1)
          bc.fit(X_train_clean,y_train_clean)
          y_pred_bc = bc.predict(X_test_clean)
          score = accuracy_score(y_test_clean,y_pred_bc)
          oob_score = bc.oob_score_
```

```
print('Test Accuracy of: ' + str(score))
print('OOB: ' + str(oob_score))
```

```
Test Accuracy of: 0.7912087912087912
OOB: 0.8066037735849056
```

上面的 score 和 oob_score 略有不同：这清楚地表明 OOB 评估如何成为一种有效的技术，无须执行交叉验证即可在未见数据上获得袋装集成（Bagged-Ensemble）的性能估计。

3.3 随机森林

随机森林（Random Forests）是一种使用决策树作为基本估计器的集成方法。它是由 Breiman 在 2001 年提出的。从那时起，它就被研究人员和从业者大量地使用了。

在随机森林中，每个估计器都在与训练集大小相同的不同的自举样本上进行训练。在训练每个基本估计器时，该模型都引入了比 Bagging 更进一步的随机化（即在总特征中通过随机抽取得到一些特征，然后基于这些采样特征训练某一棵树）。设 p 为训练数据集中可用特征的总数。在分类问题中，在训练每棵树时，每个节点都只使用 $\sqrt{p}$ 个特征；对于回归，每个节点仅使用 $\frac{p}{3}$ 个特征。然后对自举样本，在通过随机抽取得到的特征中，使用最大化信息增益分割节点。最后，采取多数票（在分类的情况下）或平均评分结果（在回归的情况下）对新样本做出预测。

3.3.1 随机森林分类

```
In [15]:  rf = RandomForestClassifier(n_estimators=30)
          rf.fit(X_train_clean,y_train_clean)
          y_pred = rf.predict(X_test_clean)
          print(classification_report(y_pred, y_test_clean))
```

	precision	recall	f1-score	support
0	0.90	0.80	0.85	55
1	0.74	0.86	0.79	36
accuracy			0.82	91
macro avg	0.82	0.83	0.82	91
weighted avg	0.83	0.82	0.83	91

训练随机森林时，可以轻松访问全局特征重要性属性，该属性描述了每个特征减少每个节点杂质的能力，可表示为该特定特征在训练和预测中的权重，以百分比表示。

为了将其可视化，创建了一个关于特征重要性的进行了排序的 pandas 的序列（Series），然后将其绘制出来。这里只返回前 10 个特征，并且它们中的每一个都是水平显示的，如图 3.1 所示。

```
In [16]: importance_rf = pd.Series(rf.feature_importances_,
                                    index=X_train_clean.columns)
         importance_rf_sorted = importance_rf.sort_values()
         importance_rf_sorted.nlargest(20).plot(kind='barh', color='orange')
         plt.title("Feature Importance Random Forest")
         plt.show()
```

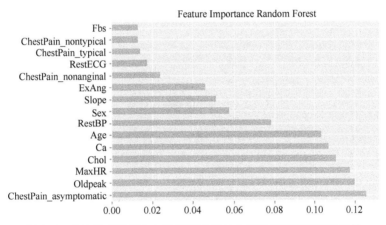

图 3.1　在心脏病数据集上采用随机森林分类器得到的特征重要性

以下代码段显示了剪枝（Pruning）在控制过拟合中的作用，即它显示了准确率如何随着 max_depth 的变化而变化。如图 3.2 所示，似乎在 n_estimators = 5.0 之后倾向于过拟合。

```
In [17]: max_depth = range(1,20)
         train_scores = []
         test_scores = []
         for a in max_depth:
             tree = RandomForestClassifier(random_state=0,max_depth=a)
             tree.fit(X_train_clean,y_train_clean)
             train_scores.append(tree.score(X_train_clean,y_train_clean))
```

```
                test_scores.append(tree.score(X_test_clean,y_test_clean))

In [18]: plt.plot(max_depth, test_scores, train_scores)
         plt.xlabel('max_depth')
         plt.ylabel('Random Forest Accuracy')
         plt.show()
```

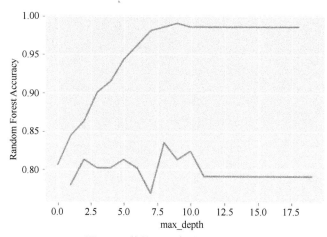

图 3.2　剪枝可用来防止过拟合

当前已在该数据集上拟合了许多不同的模型，随机森林似乎是表现最好的集成方法。然而，Logistic 回归仍然优于其他模型，当拥有一个小数据集且某些特征之间存在某种线性关系时，这是合理的。

为了看到这一点，实现了以下函数，它可输出在本小节中考察的模型的分数：

```
In [19]:  def fitting_models():
              lr=LogisticRegression()
              dt = DecisionTreeClassifier()
              svc = SVC()
              rfc = RandomForestClassifier()
              clfs = [('Logistic Regression', lr),
                      ('Decision Tree', dt),
                      ('Support Vector Classifier', svc),
                      ('Random Forest Classifier', rfc)
                     ]

              for name,clf in clfs:
                  clf.fit(X_train,y_train)
```

```
                    pred = clf.predict(X_test)
                    score = format(accuracy_score(y_test,pred), '.4f')
                    print("{} : {}".format(name,score))

            fitting_models()
```

```
Logistic Regression : 0.9533
Decision Tree : 0.8422
Support Vector Classifier : 0.4867
Random Forest Classifier : 0.9467
```

3.3.2　随机森林回归

为了完整起见，本小节展示一个回归随机森林的例子。这里将使用来自华盛顿特区自行车共享系统的每小时汇总数据（Hourly-Aggregated Data）。

```
In [20]: di = DataIngestion(df='bike_sharing.csv', col_to_drop=None,
                                                   col_target='cnt')
         X_rf = di.features()
         y_rf = di.target()

In [21]: X_train, X_test, y_train, y_test = train_test_split(X_rf,
                         y_rf,test_size=0.3, random_state=42)

         X_train = X_train.reset_index(drop=True)
         y_train = y_train.reset_index(drop=True)
         X_test = X_test.reset_index(drop=True)
         y_test = y_test.reset_index(drop=True)

In [22]: rf = RandomForestRegressor(n_estimators=30)
         rf.fit(X_train,y_train)
         y_pred = rf.predict(X_test)

In [23]: rmse_test = MSE(y_test,y_pred)**(1/2)
         print('RMSE of RF (Test Set): {:.4f}'.format(rmse_test))
```

```
RMSE of RF (Test Set): 60.3499
```

为了获得更稳健的结果，读者可执行网格搜索交叉验证，因为刚刚获得的结果可能会受到数据拆分的影响。

3.4   提升（Boosting）方法

Boosting 是指一系列集成方法，其中的许多预测器按照顺序进行训练，每个预测器都从之前预测器的错误中学习。特别地，它的思想是创建新树以减少现有树序列的预测残差。更正式地，在 Boosting 中，许多弱学习器被组合成一个强学习器。弱学习器是一种比随机猜测性能稍好一些的模型。本节将介绍 4 种 Boosting 算法：AdaBoost 算法、梯度提升（Gradient Boosting）算法、极端梯度提升（XGBoost）算法和 CatBoost 算法。

3.4.1   AdaBoost 算法

AdaBoost 算法由 Freund 和 Schapire 于 1997 年引入。在 AdaBoost 中，每个预测器都通过不断改变训练样本的权重，更加关注前面预测器错误预测的样本。此外，每个预测器都分配有一个系数 α，该系数表示其在集成的最终预测中的贡献权重（Weights）。

α 取决于预测器的训练误差。在初始数据集上拟合第一个模型，并确定第一个模型的训练误差。然后可以使用该误差来确定 α_1，它是第一个预测器的系数。然后使用 α_1 确定第二个模型的训练样本的权重 α_2。此时，错误预测的样本会获得更高的权重，并用于训练第二个模型。在这种情况下，预测器被迫更多地关注错误预测的样本。这个过程按顺序重复，直到得到用于集成的 N 个预测器。训练中使用的一个重要参数是学习率（Learning Rate）$\eta \in (0, 1)$，也称为收缩率（Shrinkage），可用于防止过拟合，因为它减少了每个学习器的影响，并为未来的学习器留出了空间以提高整体集成。然而，学习率和训练树的数量之间存在折中。较小的学习率应该由更多的估计器来补偿。一旦训练了用于集成的所有预测器，就可以根据问题的性质预测新样本的标签。对于分类，每个预测器都预测一个新样本的标签，并且通过加权多数投票获得集成预测。对于回归，应用相同的过程，并且通过执行加权平均来获得集成的预测。

```
In [24]: from sklearn.ensemble import AdaBoostClassifier
         from sklearn.metrics import roc_auc_score
         dt = DecisionTreeClassifier(max_depth=1)
         ada_clf = AdaBoostClassifier(base_estimator=dt,n_estimators=100)
         ada_clf.fit(X_train_clean, y_train_clean)
         y_pred_proba = ada_clf.predict_proba(X_test_clean)[:,1]
         ada_clf_roc_auc = roc_auc_score(y_test_clean, y_pred_proba)
         print(format(ada_clf_roc_auc, '.4f'))

0.8523
```

3.4.2　梯度提升（Gradient Boosting）算法

梯度提升是另一种非常流行的集成方法，由 Friedman 于 2001 年提出，它结合了多个决策树来创建更稳健的模型。实际上，与 AdaBoost 算法相比，训练样本的权重没有调整，但每个预测器都使用其前一个预测器的残差作为标签进行训练。尽管梯度提升树在机器学习社区中非常流行，但应该注意到，梯度提升树，尤其是使用极浅的树，如深度从 1~5 不等，可使得模型在内存容量方面的需求更小，并且预测速度更快。那些浅树扮演弱学习者的角色，通过在预测器中添加越来越多的浅树来提高性能。实际上，在调整梯度提升树时至少应该注意 3 个重要参数：

1）集成中树的数量（n_estimators）：控制模型复杂度。

2）学习率（learning_rate）：控制每棵树尝试纠正前面树错误的强度。

3）预剪枝（max_depth）：控制每棵树的层数。

更大的学习率意味着更复杂的模型，因为在这种情况下，每棵树都可以对训练集进行更强的校正。在 scikit-learn 中，GradientBoostingClassifier 类用于拟合梯度提升分类器。

```
In [25]: from sklearn.ensemble import GradientBoostingClassifier
         gbc = GradientBoostingClassifier(n_estimators=40)
         gbc.fit(X_train_clean, y_train_clean)
         gbc.score(X_test_clean, y_test_clean)
```

```
Out[25]: 0.8131868131868132
```

可以交叉验证结果，就像之前使用其他集成技术所做的那样，如下所示：

```
In [26]: n_estimators = [30,50,80] # Number of trees
         max_depth = [1,3,5] # Maximum n of levels in each tree
         learning_rate = [0.001, 0.01, 0.1] # model complexity
         param_grid_ = {'n_estimators': n_estimators,
                        'max_depth': max_depth,
                        'learning_rate': learning_rate
                       }
```

```
In [27]: grid = GridSearchCV(gbc,param_grid=param_grid_, cv=5)
         grid.fit(X_train_clean,y_train_clean)
         print(grid.best_params_)
         print(grid.best_score_)
         yfit_gbc = grid.predict(X_test_clean)
```

```
{'learning_rate': 0.1, 'max_depth': 1, 'n_estimators': 30}
0.7971698113207547

In [28]: print(classification_report(y_test_clean,yfit_gbc))

              precision    recall  f1-score   support

           0       0.76      0.86      0.81        49
           1       0.81      0.69      0.74        42

    accuracy                           0.78        91
   macro avg       0.78      0.77      0.78        91
weighted avg       0.78      0.78      0.78        91
```

Boosting 算法也允许特征选择, 如图 3.3 所示。

```
In [29]: importance_gb = pd.Series(gbc.feature_importances_,
                     index=X_train_clean.columns)

         importance_gb_sorted = importance_gb.sort_values()
         importance_gb_sorted.nlargest(20).plot(kind='barh',
                        color='orange')
         plt.title("Feature Importance Gradient Boosting")
         plt.show()
```

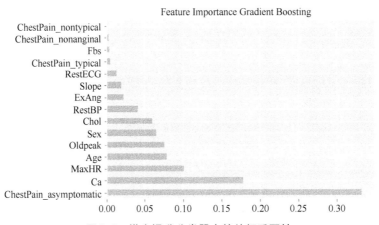

图 3.3　梯度提升分类器中的特征重要性

　　与随机森林不同, 特征重要性的大小发生了显著变化: 这是将许多弱学习器组合成一个强大模型的主要效果之一。另外, Gradient Boosting 完全忽略了某些特征, 或者它们的重要性不高。这与来自随机森林的结果形成鲜明对比，在随机森林中，这些特征非常重要。

实用提示：如果不知道哪种模型最适合应用，可使用随机森林：它对任何类型的数据都非常有效，但它可能比 Gradient Boosting 慢，尤其是在大规模问题上。

3.4.3　极端梯度提升（XGBoost）算法

XGBoost（Extreme Gradient Boosting）由 Chen 和他的导师 Guestrin 在 2016 年提出，最初是作为 C++命令行应用程序开发的。很快，它就被机器学习社区采用，因为它优于许多算法，并且已被证明可以在各种基准机器学习数据集上实现最先进的性能。正如预期的那样，该算法很快出现许多其他语言版本，例如 Python、Julia 和 Scala。XGBoost 如此受欢迎的主要原因之一是它的速度和性能。由于 XGBoost 算法的核心是可并行化的，因此可以应对现代多核计算机的所有处理能力。此外，它可以在 GPU 上和跨计算机网络上并行化，从而可以在非常大的数据集（包含数亿个训练样本）上训练模型。这里导入 XGBoost 库以拟合模型。

```
In [30]: import xgboost as xgb
```

对于任何满足以下标准的监督问题，原则上都应考虑 XGBoost：
- 正在研究的数据集的样本数量明显大于特征数量。
- 输入空间中可能存在异常值。
- 有类别变量和连续变量混合。
- 在分类任务中，目标不平衡。

应该留意，XGBoost 可以处理缺失值，这意味着在拟合之前不需要估算任何值。此外，在随机森林中，通常对每个节点的特征进行二次采样，而使用 XGBoost 算法则对整个树的特征进行二次采样：这不仅可以更快地构建树，而且还可以防止过拟合。

从技术上讲，XGBoost 算法基于弱学习器的原理，其中的每个预测器都可以通过按顺序训练的新树模型来改进。从字面上看，意味着预测中的残差被动态修正。这里考虑一组训练样本 (x_i, y_i)，$i = 1, 2, \cdots, n$ 和 $x \in \mathbf{R}^k$。假设为了预测输出使用了经典的树集成算法，其中训练了 CARTs 空间中的 K 个加法函数 f_k。预测输出由每个单独函数预测的总和给出：

$$\hat{y} = \sum_k f_k(x_i)$$

为了学习模型中使用的函数集，在步骤 t，最小化以下正则化目标函数（通过二阶泰勒近似获得）：

$$\mathcal{L}^{(t)} \simeq \sum_{i=1}^n \left(l(y_i, \hat{y}^{(t-1)}) + g_i f_t(x_i) + \frac{1}{2} h_i f_t^2(x_i) \right) + \Omega(f_t)$$

其中：

- $l(\hat{y},y)=-\left(y\log(\hat{y})+(1-y)\log(1-\hat{y})\right)$ 是一个可微的凸损失函数，它计算每个训练样本的预测误差。

- $g_i=\partial_{\hat{y}^{(t-1)}}l(y_i,\hat{y}^{(t-1)})$ 和 $h_i=\partial_{\hat{y}^{(t-1)}}^2 l(y_i,\hat{y}^{(t-1)})$ 是损失函数的一阶和二阶梯度统计量。

- $\Omega(f_t)=\gamma\,|f(x)|+\dfrac{1}{2}\lambda\,||\boldsymbol{\omega}||^2$，$|f(x)|$ 是树的叶子数，$\boldsymbol{\omega}$ 是包含每个叶子分数的权重向量。

另一个与 XGBoost 相关的非常有趣的特性是它包含了一个惩罚，可以理解为 L_1（在参数 γ 上）和 L_2（在参数 λ 上）惩罚之间的混合，这实际上可认为是全局特征重要性和选择。我们已经看到在随机森林中是如何计算重要性的，同样的论点也适用于提升决策树：对于每个特征，它都返回一个分数，代表该特征在模型中新添加的树的构建中的重要性，然后允许对属性（Attribute）进行排名和相互比较。单个决策树的重要性通过每个属性拆分点改进性能度量的量来计算，由节点负责的观察次数加权。性能度量可能是用于选择分类中的分割点或回归树中的方差的基尼指数（Gini Index）。然后在模型内的所有决策树中平均特征重要性。虽然这在实践中被广泛使用，但全局特征选择有一个缺点：它不能在局部解释每个预测分数。换句话说，它不允许向非技术读者解释哪些特征在构建单个分数时贡献最大，然而，Lundeber 和 Lee 在 2017 年提出的 SHAP（SHapley Additive exPlanations）对此进行了解释，这是解释任何机器学习模型输出的统一方法。Shapley 值背后的思想来自 Shapley 与博弈论相关的一篇开创性论文。它说明了，与数据集的平均预测（这是模型的基线）相比，特征 X 的值在哪个度量中影响了特定样本的预测。因此，边际贡献（Marginal Contribution）意味着每个特征在多大程度上迫使预测远离该基线。SHAP 与模型无关，因此原则上可以应用于任何模型。作为一个说明性例子，这里采用 Lundeberg 在他的 GitHub 仓库（https://github.com/slundberg/shap）中提出的例子：这个例子是在波士顿房价数据集（Boston House Dataset）上拟合 XGBoost 回归器。第 4 个样本的 SHAP 得分如图 3.4 所示。

```
In [31]: import shap
         X_boston,y_boston = shap.datasets.boston()
         model_ = xgb.train({"learning_rate": 0.01},
         xgb.DMatrix(X_boston, label=y_boston), 100)

         explainer = shap.TreeExplainer(model_)
         shap_values = explainer.shap_values(X_boston)

         shap.force_plot(explainer.expected_value, shap_values[3,:],
          X_boston.iloc[3,:],matplotlib=True)
```

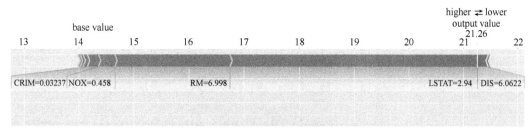

图 3.4　第 4 个样本的 SHAP 得分

注意到，21.26 左边的特征使得得分正向偏离基线，相反地，21.26 右边的特征使得得分负向偏离基线。

注意：为了克服过拟合，XGBoost 采用了一个收缩因子（也称为学习率）来控制添加到模型中的新树的权重。特别地，设置小于 0.1 的值通常会减弱每棵树对最终模型的影响。相应地，这会导致需要更多的树添加到模型中。另外，通常情况下，对于小于 0.1 的学习率，性能与估计器/树的数量呈正相关；但对于更大的学习率，数量较多的估计器/树会导致性能变得更差，这表明可能需要较少数量的树才能获得良好的性能。

下面介绍 XGBoost 实践：在心脏数据集（Heart Dataset）上的应用。

为了展示 XGBoost 在实践中的工作原理，这里仍然使用心脏数据集。特别地，给定一组特征，使用 XGBoost 来预测心脏病发作概率。为了拟合模型，使用本书的 xgboost 类中的 fitting 方法。本质上，这个 fitting 方法可通过交叉验证搜索最佳的超参值，然后在训练数据上拟合最佳的 XGBoost 分类器模型。注意，这里必须指定参数网格。

```
In [32]: param_grid = [{'max_depth': np.arange(4, 9, 1),
                        'learning_rate': [0.01,0.05,0.1,0.5,1],
                        'n_estimators': np.arange(100, 601, 100)}]
```

这里将在 150 种不同的参数组合（在 5 个不同的子集，即 cv＝5）上运行网格搜索。这些操作比较耗时，如果要在自己的机器上本地运行 fitting 方法，则建议更改设置。

```
In [33]: model = xgboost.fitting(X_train_clean, y_train_clean,
                        param_grid = param_grid,
                        n_jobs=-1,cv=5)

Fitting 5 folds for each of 150 candidates, totalling 750 fits


[Parallel(n_jobs=1)]: Using backend SequentialBackend ... workers.
[Parallel(n_jobs=1)]: Done 750 out of 750 | elapsed:  3.9min finished
```

```
In [34]: y_pred = model.predict(X_test_clean)
         y_pred_prob = model.best_estimator_.predict_proba(
                                   X_test_clean)[:, 1]

In [35]: print(classification_report(y_test_clean,y_pred))
```

	precision	recall	f1-score	support
0	0.80	0.90	0.85	49
1	0.86	0.74	0.79	42
accuracy			0.82	91
macro avg	0.83	0.82	0.82	91
weighted avg	0.83	0.82	0.82	91

可以看到，此方法的性能相当不错，但并没有超过随机森林（在同一组数据上）的性能。为了更好地理解预测，使用了 SHAP 值。以下代码段将模型特征转换为局部分数，存储到 pandas DataFrame 中，其中每列包含与该特征对应的局部 shap 值。

```
In [36]: explainer = shap.TreeExplainer(model.best_estimator_)
         shap_values = explainer.shap_values(X_train_clean)
         df_shap_values = pd.DataFrame(shap_values,
                         columns=list(X_train_clean.columns))
```

下面的代码段生成了一个图，如图 3.5 所示。该图显示了哪些特征迫使模型远离基本（平均模型）值。增加预测分数的特征位于 0.10 数字的左边，而降低预测分数的特征位于 0.10 数字的右边。

```
In [37]: shap.initjs()
         shap.force_plot(explainer.expected_value, shap_values[27,:],
                         X_train_clean.iloc[5,:], link='logit')
```

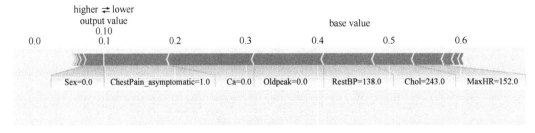

图 3.5　SHAP 得分（一）

可以清楚地看到，对于这个特定的例子，获得了 0.1 的分数，并且报告了最重要的特征重要性。例如，男性会增加患心脏病的可能性，而胆固醇水平等于 243 或观察到的无症状胸痛会降低上述可能性。为了完成这个例示，这里研究一个被归类为心脏病容易发作的样本，如图 3.6 所示。

```
In [38]: shap.force_plot(explainer.expected_value, shap_values[42,:],
                X_train_clean.iloc[5,:], link='logit')
```

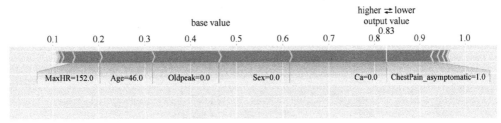

图 3.6　SHAP 得分（二）

正如所预料的那样，46 岁的男性且最大心率为 152，会明显增加患心脏病的可能性。

均值重要性的条形图（Bar Chart of Mean Importance）：以下代码段取数据集的 SHAP 值幅度（SHAP Value Magnitudes）的平均值作为重要性，并将其绘制为简单的条形图，结果如图 3.7 所示。

```
In [39]: shap.summary_plot(shap_values, X_train_clean, plot_type="bar")
```

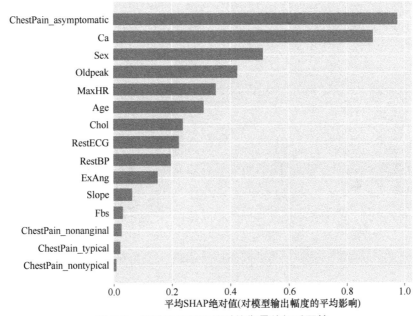

图 3.7　以平均 SHAP 绝对值衡量特征重要性

SHAP 摘要图（SHAP Summary Plot）：为了确定每个特征对训练集中模型输出的影响，使用每个特征的 SHAP 值的密度散点图（Density Scatter Plot）。特征按所有样本的 SHAP 值大小之和进行排序。颜色代表特征值（红色高，蓝色低）。这表明 MaxHR 特征（描述每分钟的最大心跳率）往往比 Age 特征对输出分数产生更积极影响。但对那些年龄因素比 Chol 更重要的样本，MaxHR 特征的影响往往比 Age 更小，MaxHR 更接近于 0，结果如图 3.8 所示。

In [40]: shap.summary_plot(shap_values, X_train_clean)

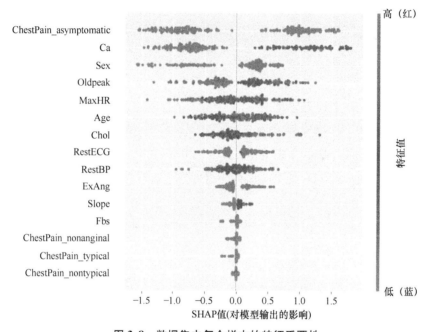

图 3.8　数据集中每个样本的特征重要性

SHAP 依赖图（SHAP Dependence Plot）：要了解单个特征如何影响模型的输出，可以绘制该特征的 SHAP 值与数据集中所有样本的特征值的关系图。SHAP 依赖图显示了单个特征对整个数据集的影响。SHAP 依赖图类似于部分依赖图（Partial Dependence Plots），但考虑了特征中存在的相互影响。SHAP 值在某个特征值的垂直方向的分布是由特征间的相互作用影响的，并且选择另一个特征进行着色以突出可能的相互影响。SHAP 值表示特征对模型输出变化的贡献。为了帮助揭示这些相互影响，dependence_plot 自动选择另一个特征进行着色。对 Ca 着色表明，对具有高 Ca 值的样本，MaxHR 对正类的影响更大。特征 MaxHR 的依赖图如图 3.9 所示。

In [41]: shap.dependence_plot("MaxHR", shap_values, X_train_clean)

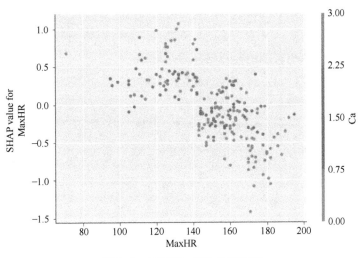

图 3.9　特征 MaxHR 的依赖图

3.4.4　CatBoost 算法

CatBoost 算法是一种基于梯度提升（Gradient Boosting）的新算法，由 Prokhorenkova 等人于 2018 年提出，它的性能已被证明是非常吸引人的，可参考以下链接：

https://github. com/catboost/benchmarks/tree/master/quality_benchmarks

特别地，CatBoost 主要有两方面的优点。一方面，提出了一种新的提升模式，称为有序提升（Ordered Boosting）。与经典提升算法不同，CatBoost 将给定的数据集进行随机排列，并在这些随机排列的数据集上采用有序提升。另一方面，它巧妙地处理类别特征，使用处理类别特征的新算法，即通过基于类别特征及其组合构建新的数值特征。

CatBoost 实际上将给定的数据集进行随机排列。默认情况下，CatBoost 创建 4 个随机排列的数据集。有了这种随机性，可以进一步防止模型过拟合。人们可以通过调整参数 bagging_temperature 进一步控制这种随机性。

对于小型数据集（即少于 50000 个样本），有序提升通常会变慢，但它通常具有非常快的推断（Inference），因为该算法使用特定类型的树，称为对称树（Symmetric Trees）。

CatBoost 在 GPU 上优于其他方法，但在 CPU 上并非如此。通常，CatBoost 在 CPU 上的训练时间比 XGBoost 慢，这取决于数据集。特别地，如果正在处理的数据集是非常稀疏的，则 CatBoost 在这类数据集上表现不佳。

下面介绍在实践中这个算法是如何工作的。首先导入常用的库。

```
In [42]: from catboost import CatBoostClassifier, Pool, cv
```

为了说明这个算法，使用泰坦尼克号数据集（Titanic Dataset），其中包含作为目标变量的生存类别（即 1 表示活着，0 表示死亡）。这可以很容易地从 catboost 的类 datasets 中导入：

```
In [43]: from catboost.datasets import titanic
         titanic_train, titanic_test = titanic()
         titanic_train.head()
```

```
Out[43]:    PassengerId   Survived   Pclass   \
        0        1            0         3
        1        2            1         1
        2        3            1         3
        3        4            1         1
        4        5            0         3
```

```
                                                 Name     Sex   Age  \
        0                     Braund, Mr. Owen Harris    male  22.0
        1   Cumings, Mrs. John Bradley (Florence Briggs Th...  female  38.0
        2                      Heikkinen, Miss. Laina  female  26.0
        3        Futrelle, Mrs. Jacques Heath (Lily May Peel)  female  35.0
        4                    Allen, Mr. William Henry    male  35.0
```

```
        SibSp        Parch          Ticket        Fare  Cabin  Embarked
     0    1            0         A/5 21171      7.2500   NaN       S
     1    1            0         PC 17599      71.2833   C85       C
     2    0            0     STON/O2. 3101282   7.9250   NaN       S
     3    1            0           113803      53.1000  C123       S
     4    0            0           373450      8.0500   NaN       S
```

在探讨 CatBoost 管道之前，为了了解特征的类型，在 Titanic 数据集上执行一个简单的 EDA。

```
In [44]: titanic_train.hist(bins='auto', figsize=(18,22),layout=(5,2))
```

很明显，其中一些是属于类别型变量的，如 Age、Pclass 和 SibSp，如图 3.10 所示。

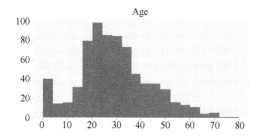
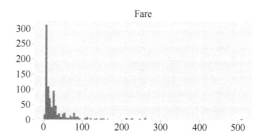

图 3.10 泰坦尼克号数据集的探索性分析

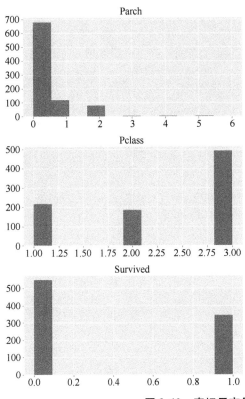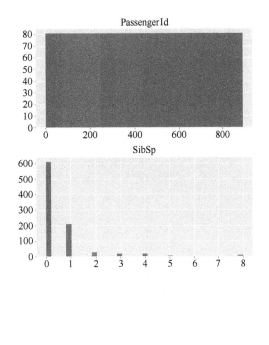

图 3.10 泰坦尼克号数据集的探索性分析（续）

```
In [45]: titanic_train['Embarked'] = titanic_train['Embarked'].fillna('S')
         titanic_train['Cabin'] = titanic_train['Cabin'].fillna('Undefined')

In [46]: y = titanic_train.Survived
         X = titanic_train.drop(['Survived'],axis=1)
         categorical_features_indices = ['Name', 'Sex', 'Ticket',
                                         'Cabin', 'Embarked', 'SibSp']

In [47]: X_train, X_test, y_train, y_test = train_test_split(X,y,
             test_size=0.2,random_state=42)
```

在拟合模型之前，最好对数据进行某种预处理，为此使用 CatBoost 库中的 Pool 类。但是，如果大多数特征是数值型的，并且此信息是已知的，则建议使用 FeaturesData 类对其进行预处理。可参阅在线可用的文档，链接如下：

https://catboost.ai/docs/concepts/python-features-data__desc.html

但是，如果不确定哪些特征是数值型特征，则可将输入数据集和目标直接传递给 Pool 类。

```
In [48]: train_pool = Pool(X_train, y_train,
                           cat_features=categorical_features_indices)
```

现在使用 CatBoostClassifier 类拟合 CatBoost 分类器：

```
In [49]: model = CatBoostClassifier(
             learning_rate=0.01,
             depth=5,
             iterations=300,
             random_seed=42,
             logging_level='Silent',
             allow_writing_files=False
         )

         model.fit(X_train, y_train,
             cat_features=categorical_features_indices)
         model.score(X_train, y_train)
```

```
Out[49]: 0.9115168539325843
```

这里在训练集中得到了的 0.91 的分数，作为第一次尝试，这个结果非常好。可以使用交叉验证来验证此模型，此时使用 scikit-learn 类，或者更简单地，使用 CatBoost 特定的 cv 类轻松实现。在下面的代码片段中，提取了从该算法中获得的全局特征重要性。感兴趣的读者还应注意，在此框架中可以获得以 SHAP 值表示的局部特征重要性，尽管局部特征重要性未在该例子中给出。图 3.11 所示为训练集上的全局特征重要性。

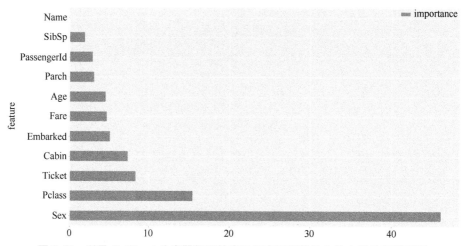

图 3.11 利用 CatBoost 分类器得到的泰坦尼克号训练集上的全局特征重要性

```
In [50]: feature_importances = model.get_feature_importance(train_pool)
         feature_names = X_train.columns
         for score, name in sorted(zip(feature_importances,
                         feature_names), reverse=True):
             print('{}: {}'.format(name, score))
```

Sex: 43.999999919835176

Pclass: 15.791071087673961

Cabin: 9.100205052848635

Ticket: 7.768885373753501

Embarked: 4.954292045080043

SibSp: 4.930285107310114

Fare: 4.023103732234545

Age: 3.827159943747061

PassengerId: 3.208750197467027

Parch: 2.396247540049968

Name: 0.0

```
In [51]: feature_importance_df = pd.DataFrame(sorted(zip(
             feature_importances, feature_names), reverse=True),
             columns=['importance','feature'])
         feature_importance_df[['feature','importance']].set_index(
         'feature').plot(kind='barh', figsize=(18, 10),
         fontsize=14)
```

Out[51]: <matplotlib.axes._subplots.AxesSubplot at 0x1a2c8fa908>

现在在新的数据上检验算法的性能，并将预测结果存储在 Pandas 的 DataFrame 上。调用 classification_report 方法可得分类报告（见代码 In［53］）。如分类报告所示，预测结果相当不错：第一次尝试就达到了 80% 的精确率（Precision）。考虑到没有对数据进行预处理，这非常不容易。

```
In [52]: y_pred = model.predict(X_test).astype(int)
         prediction_test = pd.DataFrame({
             "PassengerId": X_test["PassengerId"],
             "Survived": y_pred,
             "True": y_test.astype(int)
```

```
   })

   print(prediction_test.head())
```

	PassengerId	Survived	True
709	710	0	1
439	440	0	0
840	841	0	0
720	721	1	1
39	40	1	1

```
In [53]: print(classification_report(y_test, y_pred))
```

	precision	recall	f1-score	support
0	0.81	0.88	0.84	105
1	0.80	0.70	0.75	74
accuracy			0.80	179
macro avg	0.80	0.79	0.79	179
weighted avg	0.80	0.80	0.80	179

以下代码片段在测试集上生成混淆矩阵，如图 3.12 所示。

```
In [54]: classification_plots.confusion_matrix(y_test,y_pred)
```

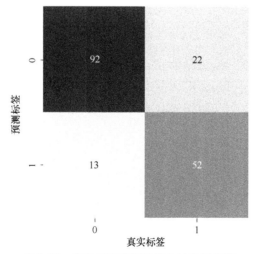

图 3.12 泰坦尼克号测试集上的混淆矩阵

```
In [55]: preds_proba = model.predict_proba(X_test)
```

最后要注意的是，CatBoost 在许多情况下都能很好地工作，因此它的特点是具有多种超参数。为了从该算法中获得最佳性能，更重要的是参数的选择（这些参数的值不一定非要通过交叉验证获得）。其中：

1）时间相关特征：如果一个或多个特征的值随时间发生剧烈变化，则建议设置超参数 has_time = True。

2）权重的异质性（Heterogeneity）：在现实生活中，近期的数据比旧的数据权重更大，如股票市场定价或纵向数据，其结果严格取决于最近的一组特征。使用 CatBoost，当对特定样本赋予更多权重时，更有可能在随机排列中被选中。例如，可以通过设置 sample_weight = $[x \text{ for } x \text{ in range}(train.shape[0])]$ 为所有数据点分配线性权重。

3）处理小数据集：训练少于 50000 个样本的数据集时，最好将参数 fold_len_multiplier 设置为接近 1（必须>1）且设置 approx_on_full_history = True。利用这些参数，CatBoost 可使用不同的模型计算每个数据点的残差。

4）处理大型数据集：对于大型数据集，可以通过设置参数 task_type = GPU 在 GPU 上训练 CatBoost。它还支持多服务器分布式 GPU。

第 4 章
现代机器学习技术

4.1 自然语言处理初步

在自然语言处理（Natural Language Processing，NLP）中，通常必须处理文本数据，这些数据主要来自非常不同的资源。例如，文本数据可以是一个文档，其内容在语法上是正确的，并且可以从中提取有用的信息，如主题抽取（Topic Extraction）；它也可以是一条推文（Tweet），包含速记和主题标签（Hashtag）；或者是 youtube 上的评论，人们从中可以进行情感分析（Sentiment Analysis）或文本分类（Text Classification）。

这种类型的数据显然是非结构化的，因此需要执行非常具体的预处理才能在文档语料库上拟合机器学习算法。例如，重要的是将这些文本标准化为机器友好的格式：人们希望模型在语义上将相似的词视为相同的。例如 dog 和 dogs 这两个词，严格来说，它们是不同的，但它们的含义相同。此外，produce、produced 和 producing 这 3 个词应该标准化为同一个词根，无论它们的语法用途和格式如何。

本章的目的是学习能够实现这一目标的标准技术。选择的文本处理技术严格取决于正在讨论的应用程序。另外，本章将重点介绍现代 NLP 方法，分别使用 Word2Vec 和 Doc2Vec 在一组单词和文档之间进行相似性检索（Similarity Retrieva）。

```
In [1]: from egeaML import DataIngestion, nlp
        import csv
        import re
        import string
```

4.1.1 文本数据预处理

一般来说，在处理文本数据（Text Data）时，为了从原始的非结构化数据中提取有用的信息，需要进行严格的文本清洗（Text Cleaning）。如果要对文档进行分类，则需要将所有可用数据转换为数字特征，这样就可以应用标准的机器学习分类器，否则模型无法利用这些文本数据。这里描述了文本数据的标准预处理管道，包括：

1）词元化（Tokenization）：根据用户定义的一些规则（如将所有单词转换为小写，删除所有停用词（Stop Words）和重复单词及标点符号等），将每一行字符串拆分为单个的分隔开的词。这些字符串可能由一个句子或整个文档组成。

2）词形还原（Lemmatization）：本质上，这个过程迫使一个共轭动词（Conjugate Verb）被其简单形式代替，例如，spoken 将被 speak 取代。

3）词干化（Stemmization）：每个剩余的单词都被简化为其根形式。

尽管可以使用其他库，如 gensim，但是本章将使用 Bird 等人在 2009 年提出的 nltk 库。nltk 表示自然语言工具包（natural language toolkit）。另外，还可以利用 scikit-learn API 及其 CountVectorizer 方法。特别地，当基于使用 NLP 技术提取的特征执行监督学习时，它们非常有用。

词元化（Tokenization）是将字符串或文档转换为词元（Token）的过程，事实证明这是 NLP 中预处理文本的第一步。注意，don't 等词在词元化后会被拆分成两个词，即 do 和 n't，所以在这个非常重要的词元化过程中，需要注意缩略词、标点和字符。

关于词元化存在不同的理论和规则，读者可以使用正则表达式（Regex）创建自己的规则：通常，用标点符号分隔单词，或者只是分解单词或句子。为了执行词元化，可以使用自然语言工具包，即 nltk 库。

为什么要费力地进行词元化？因为它可以帮助人们完成一些简单的文本处理任务，比如映射词性（Mapping Part of Speech）、匹配常用词（Matching Common Words）。同时，它也意味着使用不需要的标记词元清洗文档，如重复词或标点符号。特别地，为了执行词元化，可以使用 gensim 中的 simple_preprocess 执行以下操作：

1）将句子拆分为单个小写词元（Token），并将它们存储到列表中。

2）从该列表中删除非字母字符、停用词甚至标点符号。

另外，nltk 库提出了不同的方法来执行词元化，例如。

- word_tokenize 函数返回被研究文本的词元化副本。
- sent_tokenize 将文档分解成句子。
- regexp_tokenize 基于正则表达式模式对字符串或文档进行词元化。

egeaML 库的 nlp 类中有一个名为 \textsf{simple_tokenization} 的方法。这里考虑不同词元化方法的不同输出。

```
In [2]: mystr = "I haven't been to Rome (last year)-that's amazing!"
        tok_egeaML = nlp.simple_tokenization(mystr)
```

```
tok_nltk = word_tokenize(mystr)
tok_gensim = simple_preprocess(mystr)
print('Original document: ', mystr)
print('Tokenized list using the egeaML library: ', tok_egeaML)
print('Tokenized list using the nltk library: ', tok_nltk)
print('Tokenized list using the gensim library: ', tok_gensim)
```

Original document: I haven't been to Rome (last year)-that's amazing!

Tokenized list using the egeaML library: ['i', 'haven', 't', 'been',
'to', 'rome', 'last', 'year', 'that', 's', 'amazing']

Tokenized list using the nltk library: ['I', 'have', "n't", 'been', 'to',
'Rome', '(', 'last', 'year', ')', '-', 'that', "'s", 'amazing', '!']

Tokenized list using the gensim library: ['haven', 'been', 'to', 'rome',
'last', 'year', 'that', 'amazing']

导入一个简单的文本文档，其中包含两篇关于卷积神经网络的深度学习技术的小文章。

```
In [3]: with open('article.txt') as f:
            reader = csv.reader(f)
            csv_rows = list(reader)
        text = ""
        for i in range(len(csv_rows[0])):
            text += csv_rows[0][i]
        text = text.split('\\n')
```

为了展示 sent_tokenization 的执行情况，这里以第一篇文章为例：

```
In [4]: sentences = sent_tokenize(text[0])
        print(sentences)
```

['Convolutional neural networks are very general and very powerful.',
 'As an example consider Ilya Kostrikov and Tobias Weyand's ChronoNet a CNN that
  guesses the year in which a photo was taken.',
 'Since public sources can provide large numbers of digitally archived photos taken
 over the past century with known dates it's relatively straightforward to obtain
 labeled data (dated photos in this case) with which to train this network.']

实际上，sent_tokenization 将文章分成段落，句号是分隔两个句子之间的关键。word_to-
kenizer 将文档拆分为单个词元，这无疑增加了语料库的粒度（Granularity of the Corpus）。

```
In [5]: tokenized_sent = word_tokenize(sentences[2])
        print(tokenized_sent)
['Since', 'public', 'sources', 'can', 'provide', 'large', 'numbers', 'of',
 'digitally', 'archived', 'photos', 'taken', 'over', 'the', 'past', 'century', 'with',
'known', 'dates', 'it', '', 's', 'relatively', 'straightforward', 'to', 'obtain',
'labeled', 'data', '(', 'dated', 'photos', 'in', 'this', 'case', ')', 'with',
'which', 'to', 'train', 'this', 'network', '.']
```

词元中有不需要的字符和单词，例如括号或动词前的"to"。删除停用词和非字母字符是非常重要的预处理步骤。为此，可以使用 nlp 类，它有一个名为 parsing_text 的方法。该方法可删除常见的英语停用词、标点符号以及首尾空格。

```
In [6]: print(nlp.parsing_text(sentences[2]))
public sources provide large numbers digitally archived photos taken past century
known dates it's relatively straightforward obtain labeled data dated photos case
train network
```

或者可以定义一组必须在词元化之前删除的词：这通常由所有停用词和标点符号组成。

```
In [7]: punct = set(string.punctuation)
        stop = set(stopwords.words('english'))
        stop.add('to')
```

为了执行词形还原和词干化，使用本书 egeaML 库中的 clean_text 方法。该方法执行以下步骤：

1）首先进行简单的词元化。

2）如果词元不是停用词或者它的长度小于 3，那么对该词元进行词形还原和词干化。

3）否则，将其删除。

这里使用名为 Snowball 的 Porter 算法来执行词干化。它是非常流行的算法，并且已被证明非常有效。

以第一个文档为例：

```
In [8]: doc_sample = text[0]
        print('Original document: \n')
        words = []
        for word in doc_sample.split(' '):
            words.append(word)
        print(words)
        print('\n Tokenized and lemmatized document: \n')
```

```
        print(nlp().clean_text(doc_sample))
```

Original document:

```
['Convolutional', 'neural', 'networks', 'are', 'very', 'general', 'and',
 'very', 'powerful.', 'As', 'an', 'example', 'consider', 'Ilya', 'Kostrikov',
 'and', 'Tobias', 'Weyand's', 'ChronoNet', 'a', 'CNN', 'that', 'guesses',
 'the', 'year', 'in', 'which', 'a', 'photo', 'was', 'taken.', 'Since',
 'public', 'sources', 'can', 'provide', 'large', 'numbers', 'of',
 'digitally', 'archived', 'photos', 'taken', 'over', 'the', 'past',
 'century', 'with', 'known', 'dates', 'it's', 'relatively', 'straightforward',
 'to', 'obtain', 'labeled', 'data', '(dated', 'photos', 'in', 'this', 'case)',
 'with', 'which', 'to', 'train', 'this', 'network.']
```

Tokenized and lemmatized document:

```
['convolut', 'neural', 'network', 'general', 'power', 'exampl', 'consid',
 'ilya', 'kostrikov', 'tobia', 'weyand', 'chrononet', 'cnn', 'guess',
 'year', 'photo', 'take', 'public', 'sourc', 'provid', 'larg', 'number',
 'digit', 'archiv', 'photo', 'take', 'past', 'centuri', 'know', 'date',
 'relat', 'straightforward', 'obtain', 'label', 'data', 'date', 'photo',
 'case', 'train', 'network']
```

正如所期望的，大量字符和停用词减少了文档的粒度（Granularity）。这里对两篇文章进行同样的操作：

```
In [9]: doc = [nlp().clean_text(x) for x in text]
```

注意：推特（Twitter）是 NLP 任务的常用来源。可以使用正则表达式或 nltk 的 Tweet-Tokenizer 类来提取有用的信息，它可以轻松解析推文。

为了介绍 TweetTokenizer 的工作原理，以一条简单的推文为例：

```
In [10]: tweet = 'I used a kernelized SVM to classify text.
                  I love learning new #NLP techniques using #python!
                  @someone #NLP is real fun! :-) #ml #NLP #python'

In [11]: tweet

Out[11]: 'I used a kernelized SVM to classify text.
          I love learning new #NLP techniques using #python!
          @someone #NLP is real fun! :) #ml #NLP #python'
```

```
In [12]: tknzr = TweetTokenizer()
         tokens = tknzr.tokenize(tweet)
```

还可以通过正则表达式来词元化推文。该正则表达式捕获所有以主题标签开始的单词：

```
In [13]: regex = r"#\w+"
         list(set(regexp_tokenize(tweet, regex)))
```

```
Out[13]: ['#python', '#ml', '#NLP']
```

这里的模式只匹配以主题标签开头的单词。不同的正则表达式可用于创建不同的模式，感兴趣的读者可查阅以下链接来了解更多详细信息：https://docs. python. org/2/library/re. html。

4.1.2　文本的数值表示：词袋模型

一旦将原始文档简化为一个词干列表，就可以将单个元素表示为一个唯一的整数，这可以使用 gensim 中的 Dictionary 对象轻松完成。特别地，函数 doc2idx 在单词和整数之间执行有序的一对一映射。这里回顾一下之前处理过的第一个文档：

```
In [14]: print(doc[0])
```

```
['convolut', 'neural', 'network', 'general', 'power', 'exampl', 'consid',
 'ilya', 'kostrikov', 'tobia', 'weyand', 'chrononet', 'cnn', 'guess',
 'year', 'photo', 'take', 'public', 'sourc', 'provid', 'larg', 'number',
 'digit', 'archiv', 'photo', 'take', 'past', 'centuri', 'know', 'date',
 'relat', 'straightforward', 'obtain', 'label', 'data', 'date', 'photo',
 'case', 'train', 'network']
```

创建该列表的数值表示（Numerical Representation），这在 gensim 中很容易实现，具体如下：

```
In [15]: dictionary = Dictionary(doc)
         print(dictionary.doc2idx(doc[0]))
```

```
[6, 19, 18, 11, 24, 10, 5, 13, 15, 31, 33, 3, 4, 12, 34, 23, 30, 26,
 28, 25, 17, 20, 9, 0, 23, 30, 22, 2, 14, 8, 27, 29, 21, 16, 7, 8, 23,
 1, 32, 18]
```

上述表示的事实是它返回一个有序的整数列表。在这种情况下，有序意味着什么？例如，单词 network 现在以整数 18 的形式出现，并且出现了两次。因此，这种表示只是一个映射。从某种意义上说，它保留了每个单词在列表中出现的顺序，但它不执行词元列表内的数值元素的任何聚合。如果有人对此任务感兴趣，那么他必须专注于相应的词袋（Bag of Words，BoW）表示。

文本的词袋表示是由 Harris 于 1954 年提出的，它是将文本表示为固定长度的向量。词袋表示只是计算文档中每个单词的绝对频率。这种表示非常有用，因为许多机器学习算法需要将输入表示为固定长度的向量。计算文档语料库的 BoW 表示包括以下 3 个步骤：

1）词元化：按空格和标点符号将每个文档拆分为词元。

2）词汇表构建（Vocabulary Building）：建立文档语料库中出现的所有单词的词汇表，并把它们按字母顺序排列。

3）编码（Encoding）：对于每个文档，计算单词的绝对频率。

这些步骤由 doc2bow 函数执行，如以下代码段所示：

```
In [16]: corpus = [dictionary.doc2bow(x) for x in doc]

In [17]: print(corpus[0])

[(0, 1), (1, 1), (2, 1), (3, 1), (4, 1), (5, 1), (6, 1), (7, 1),
 (8, 2), (9, 1), (10, 1), (11, 1), (12, 1), (13, 1), (14, 1),
 (15, 1), (16, 1), (17, 1), (18, 2), (19, 1), (20, 1), (21, 1),
 (22, 1), (23, 3), (24, 1), (25, 1), (26, 1), (27, 1), (28, 1),
 (29, 1), (30, 2), (31, 1), (32, 1), (33, 1), (34, 1)]
```

可以生成一个频率矩阵，其中包含单词在每个词干文档中出现的次数。本质上，每一行都代表一个文档，列是语料库中包含的单词。在 gensim 中，这是使用 corpus2dense 方法生成的。

```
In [18]: mylist = list()
         for k,v in dictionary.token2id.items():
             mylist.append(k)

         doc2freq = pd.DataFrame(matutils.corpus2dense(corpus,
                 num_terms=len(dictionary.token2id)),
                 index = mylist,
                 columns=['Doc1', 'Doc2'])

         doc2freq.T.iloc[:,10:20]
Out[18]:    exampl  general  guess  ilya  know kostrikov label larg network  \
```

```
Doc1    1.0     1.0     1.0     1.0     1.0         1.0     1.0     1.0     2.0
Doc2    0.0     0.0     0.0     0.0     0.0         0.0     0.0     0.0     1.0

        neural
Doc1    1.0
Doc2    1.0
```

注意： 如果要获得语料库的稠密 BoW 表示，那么可以使用 gensim，如下所示。

```
In [19]: tf_sparse_array = matutils.corpus2csc(corpus)
         tf_sparse_array
```

```
Out[19]: <63x2 sparse matrix of type '<class 'numpy.float64'>'
         with 69 stored elements in Compressed Sparse Column format>
```

scikit-learn 的函数 CountVectorizer 允许生成给定语料库的 BoW 表示。这个函数是一个转换器，它会接收一系列参数，这里只使用了其中的一些参数，如下所述：

- min_df：一个单词的最少出现次数。
- stop_words：删除不需要的词。
- lowercase：将所有单词转换为小写。
- token_pattern：仅选择最少字符数为两个的单词。

```
In [20]: vectorizer = CountVectorizer(analyzer='word',
                                      min_df=2,
                                      stop_words='english',
                                      lowercase=True,
                                      token_pattern='[a-zA-Z0-9]{2,}',
                                      )

         data_vectorized = vectorizer.fit_transform(text)
         data_dense = data_vectorized.todense()
```

有一点需要注意，尽管 BoW 很受欢迎，但它也有许多缺点。一方面，词元的顺序完全丢失，这意味着不同的句子可能具有相同的数字表示。另一方面，BoW 倾向于忽略单词的语义，即两个或更多个单词之间的距离。

4.1.3　实际例子：使用 IMDB 电影评论数据集进行情感分析

本小节尝试对电影评论数据集 IMDb 中的评论执行简单的文本二分类。该数据集可以在以下链接中获取：http://ai. stanford. edu/~amaas/data/sentiment/。

IMDb 数据集由 Maas 等人于 2011 年首先提出。作为情感分析的基准，它由来自 IMDB 网站的 100000 条电影评论组成。本小节的任务如下：给定评论，根据评论内容将电影分类为好或差。为此，需要转换数据，即需要将文本的字符串表示转换为数值表示，从而可以应用标准的机器学习管道对电影进行分类。

要下载数据集，可以使用 egeaML 库中提供的函数，它允许用户轻松下载包含 IMDB 电影评论的 .tar 文件。如果数据已经下载，则将通知用户下载成功，如下所示：

```
In [21]: url = 'http://ai.stanford.edu/~amaas/data/sentiment/aclImdb_v1.tar.gz'
         foldername = 'aclImdb'

In [22]: utils = utils()
         utils.download_data(foldername, urls=[url])


Downloading data...
aclImdb_v1.tar.gz already downloaded

Download Finished


In [23]: from sklearn.datasets import load_files
         reviews_train = load_files("aclImdb/train/")
         text_train, y_train = reviews_train.data, reviews_train.target
         reviews_test = load_files("aclImdb/test/")
         text_test, y_test = reviews_test.data, reviews_test.target

In [24]: vect = CountVectorizer(min_df=5,
                         stop_words='english').fit(text_train)
         X_train = vect.transform(text_train)
```

使用 CountVectorizer，创建了一个稀疏矩阵，它是用户拥有的文本数据的数值表示。现在可以应用任何想用的机器学习模型。

```
In [25]: feature_names = vect.get_feature_names()

In [26]: scores = cross_val_score(LogisticRegression(),
                         X_train, y_train, cv=5)
         print("Mean cross-validation accuracy: {:.2f}".format(
                         np.mean(scores)))

Mean cross-validation accuracy: 0.88
```

```
In [27]:param_grid = {'C': [0.001, 0.01, 0.1, 1, 10]}
        grid = GridSearchCV(LogisticRegression(), param_grid, cv=5)
        grid.fit(X_train, y_train)
        print("Best cross-validation score: {:.2f}".format(
                            grid.best_score_))
        print("Best parameters: ", grid.best_params_)

Best cross-validation score: 0.88
Best parameters:  {'C': 0.1}
```

使用这组数据进行简单的 Logistic 回归的准确率为 88%，这个结果非常好。有趣的是，模型在测试集上也有非常好的表现。

```
In [28]: X_test = vect.transform(text_test)
        print("{:.2f}".format(grid.score(X_test, y_test)))

0.87
```

4.1.4 单词频率—逆文本频率

BoW 是一种根据使用次数来确定文本中重要单词的好方法。然而，频率矩阵没有考虑文档中每个单词的重要性。换句话说，它往往更重视流行词，而不是上下文词。

相反，单词频率—逆文本频率（term frequency-inverse document frequency，tf-idf）矩阵允许根据每个单词在文档中的频率对其进行加权。但它是如何工作的？实际上，文档中出现的术语的权重与术语频率成正比。更正式地说，对于文档 j 中的术语 i，计算其权重如下：

$$\omega_{ij} = tf_{ij} \cdot \log\left(\frac{N}{df_i}\right)$$

其中：

- tf_{ij} 描述了单词 i 在文档 j 中出现的次数。
- df_i 描述了包含单词 i 的文档的数量。
- N 表示文档的数量。

实际上，较高的分数与特定文档的特有单词相关联，并且主要用于该文档。较低的分数将分配给经常出现在不同文档中的单词。因此，较高的分数与该特定文档特别相关的单词相关联。

与 BoW 不同（BoW 中有离散计数的 d 维向量），tf-idf 矩阵将包含连续值。下面介绍如何使用 model 类中的函数 TfidfModel 在 gensim 中生成 tf-idf 矩阵。

```
In [29]: tfidf = models.TfidfModel(corpus)
```

为了显示特定文档中最重要的单词，使用本书的函数 top_words：

```
In [30]: nlp.top_words(corpus=corpus, dictionary=dictionary,
                       doc=corpus[0], n_words=10)
```

```
Out[30]: ['photo (0.474)',
          'date (0.316)',
          'archiv (0.158)',
          'case (0.158)',
          'centuri (0.158)',
          'chrononet (0.158)',
          'consid (0.158)',
          'digit (0.158)',
          'exampl (0.158)',
          'general (0.158)']
```

可以将结果存储在数据框中，就像对 BoW 表示所做的那样。

```
In [31]: tfidf_mat = pd.DataFrame(matutils.corpus2dense(
                        [tfidf[x] for x in corpus],
                        num_terms=len(dictionary.token2id)),
                        index = mylist,
                        columns=['Doc1', 'Doc2'])

         tfidf_mat.iloc[30:40, :].T
```

```
Out[31]:        take    tobia    train    weyand   year breakthrough   build \
         Doc1   0.0  0.158114 0.158114 0.158114 0.158114     0.000000 0.000000
         Doc2   0.0  0.000000 0.000000 0.000000 0.000000     0.149071 0.149071

                classif      come  constitut
         Doc1  0.000000  0.000000   0.000000
         Doc2  0.149071  0.149071   0.149071
```

4.1.5　n-Grams 模型

现在考虑以下两个字符串：

- 很无聊，一点都不好玩。
- 很好玩，一点都不无聊。

对于人类来说，这两个字符串显然是不同的。但对于机器来说，它们具有相同的结构，这意味着机器无法区分它们的含义，因此其中的一个会被错误分类。这里要强调的是，两个 BoW 表示完全一样，但原文含义不同。因此，BoW 表示有一个缺点：它完全失去了句子中单词的顺序。幸运的是，人们不仅可以考虑单个词元，还可以考虑相邻出现的单词对（即二元语法，Bigrams）或三元组（即三元语法，Trigrams）的计数来捕捉单词邻域的影响。更一般地，n 个词元的序列称为 n_gram。

利用 scikit-learn 的类 CountVectorizer，可以通过修改 ngram_range 参数来更改被视为特征的词元范围，该参数是由人们希望考虑的词元序列的最小和最大长度组成的元组。这里考虑不同的 n_gram 范围，在 IMDb 数据集上拟合一个 Logistic 回归模型，如下所示：

```
In [32]: pipe = make_pipeline(CountVectorizer(min_df=5),
                               LogisticRegression())
         param_grid = {
         "logisticregression__C": [0.001, 0.01, 0.1, 1, 10, 100],
         "countvectorizer__ngram_range": [(1, 1), (1, 2), (1, 3)]}
         grid = GridSearchCV(pipe, param_grid, cv=5)
         grid.fit(text_train, y_train)
         print("Best cross-validation score: {:.2f}".format(
                               grid.best_score_))
         print("Best parameters:\n{}".format(grid.best_params_))

Best cross-validation score: 0.91
Best parameters:
{'logisticregression__C': 100, 'countvectorizer__ngram_range': (1, 3)}
```

与简单的 BoW 模型相比，这里稍微改进了模型。为了更好地理解使用 n_gram 的动机，可以看看下面的代码段：

```
In [33]: documents = [
             "Apple stock has recently hit new all-time highs.",
             "A recent research has shown that an apple a day is a good ally
             to prevent cancer formation.",
             "Apple has recently launched a new iphone",
             "I prefer eating oranges instead of apples in the winter.",
             "scikit-learn logo is orange and blue.",
             "scikit-learn pipeline object is fantastic"]

In [34]: vect = CountVectorizer(stop_words='english')
```

```
          vect.fit(documents)
```

```
Out[34]: CountVectorizer(analyzer='word', binary=False, decode_error='strict',
                 dtype=<class 'numpy.int64'>, encoding='utf-8',
                 input='content', lowercase=True, max_df=1.0,
                 max_features=None, min_df=1, ngram_range=(1, 1),
                 preprocessor=None, stop_words='english',
                 strip_accents=None,
                 token_pattern='(?u)\\b\\w\\w+\\b',
                 tokenizer=None, vocabulary=None)
```

拟合 CountVectorizer 包括训练数据的词元化和词汇表的构建。词汇表可以通过 vocabulary_访问:

```
In [35]: print("Vocabulary size: {}".format(len(vect.vocabulary_)))
         print("Vocabulary content:\n {}".format(vect.vocabulary_))
```

```
Vocabulary size: 30
Vocabulary content:
 {'apple': 1, 'stock': 27, 'recently': 23, 'hit': 10, 'new': 16, 'time': 28,
  'highs': 9, 'recent': 22, 'research': 24, 'shown': 26, 'day': 4, 'good': 8,
  'ally': 0, 'prevent': 21, 'cancer': 3, 'formation': 7, 'launched': 13,
  'iphone': 12, 'prefer': 20, 'eating': 5, 'orange': 18, 'instead': 11,
  'winter': 29, 'scikit': 25, 'learn': 14, 'logo': 15, 'blue': 2,
  'pipeline': 19, 'object': 17, 'fantastic': 6}
```

为了创建训练数据的 BoW(Bag of Words)表示,调用 transform 方法:

```
In [36]: bag_of_words = vect.transform(documents)
         print("bag_of_words: {}".format(repr(bag_of_words)))
         print("Dense representation of bag_of_words:\n{}".format(
                       bag_of_words.toarray()))
```

```
bag_of_words: <6x30 sparse matrix of type '<class 'numpy.int64'>'
       with 38 stored elements in Compressed Sparse Row format>
Dense representation of bag_of_words:

[[0 1 0 0 0 0 0 0 0 1 1 0 0 0 0 0 1 0 0 0 0 0 1 0 0 0 1 1 0]
 [1 1 0 1 1 0 0 1 1 0 0 0 0 0 0 0 0 0 0 0 1 1 0 1 0 1 0 0 0]
 [0 1 0 0 0 0 0 0 0 0 0 0 1 1 0 0 1 0 0 0 0 0 1 0 0 0 0 0 0]
 [0 1 0 0 0 1 0 0 0 0 0 1 0 0 0 0 0 1 0 1 0 0 0 0 0 0 0 0 1]
```

```
[0 0 1 0 0 0 0 0 0 0 0 0 0 0 1 1 0 0 1 0 0 0 0 0 0 1 0 0 0 0]
[0 0 0 0 0 0 1 0 0 0 0 0 0 0 1 0 0 1 0 1 0 1 0 0 0 0 1 0 0 0]]
```

上述共现矩阵（Co-Occurrence Matrix）的列是正交的，但仍然可以使用 tf-idf 矩阵计算两个句子的相似度（Similarity）。这里使用 TfidfVectorizer 方法计算相似度，如下所示：

```
In [37]: from sklearn.feature_extraction.text import TfidfVectorizer
         tf = TfidfVectorizer(stop_words='english')
```

为了计算句子之间的相似度，执行 tf-idf 矩阵乘法，代码如下：

```
In [38]: tfidf = tf.fit_transform(documents)
         pairwise_similarity = tfidf * tfidf.T
         pairwise_similarity.toarray()

Out[38]: array([[1.        , 0.04821943, 0.36974535, 0.06578578, 0.        ,
                 0.        ],
                [0.04821943, 1.        , 0.05985831, 0.05134479, 0.        ,
                 0.        ],
                [0.36974535, 0.05985831, 1.        , 0.08166472, 0.        ,
                 0.        ],
                [0.06578578, 0.05134479, 0.08166472, 1.        , 0.14967046,
                 0.        ],
                [0.        , 0.        , 0.        , 0.14967046, 1.        ,
                 0.32189934],
                [0.        , 0.        , 0.        , 0.        , 0.32189934,
                 1.        ]])
```

可以看到，In［33］中，documents 变量中的第一句和第三句（关于 Apple 公司的句子）以及 documents 变量中的最后两句（关于 scikit-learn 项目）之间有一个相似之处。如果只想查看二元组（即仅查看两个相邻词元构成的序列），则可以将 ngram_range 设置为（2，2）：

```
In [39]: cv = CountVectorizer(ngram_range=(1, 3)).fit(documents)
         print("Vocabulary size: {}".format(len(cv.vocabulary_)))
         print("Vocabulary:\n{}".format(cv.get_feature_names()))

Vocabulary size: 127
Vocabulary:
['all', 'all time', 'all time highs', 'ally', 'ally to', 'ally to prevent',
 'an', 'an apple', 'an apple day', 'an apple in', 'an orange',
 'an orange instead', 'and', 'and blue', 'apple', 'apple day',
 'apple day is', 'apple has', 'apple has recently', 'apple in',
```

```
'apple in the', 'apple stock', 'apple stock has', 'blue', 'cancer',
'cancer formation', 'day', 'day is', 'day is good', 'eating',
'eating an', 'eating an orange', 'fantastic', 'formation', 'good',
'good ally', 'good ally to', 'has', 'has recently', 'has recently hit',
'has recently launched', 'has shown', 'has shown that', 'highs', 'hit',
'hit new', 'hit new all', 'in', 'in the', 'in the winter', 'instead',
'instead of', 'instead of an', 'iphone', 'is', 'is fantastic', 'is good',
'is good ally', 'is orange', 'is orange and', 'launched', 'launched new',
'launched new iphone', 'learn', 'learn logo', 'learn logo is',
'learn pipeline', 'learn pipeline object', 'logo', 'logo is',
'logo is orange', 'new', 'new all', 'new all time', 'new iphone',
'object', 'object is', 'object is fantastic', 'of', 'of an', 'of an apple',
'orange', 'orange and', 'orange and blue', 'orange instead',
'orange instead of', 'pipeline', 'pipeline object', 'pipeline object is',
'prefer', 'prefer eating', 'prefer eating an', 'prevent',
'prevent cancer', 'prevent cancer formation', 'recent',
'recent research', 'recent research has', 'recently', 'recently hit',
'recently hit new', 'recently launched', 'recently launched new',
'research', 'research has', 'research has shown', 'scikit',
'scikit learn', 'scikit learn logo', 'scikit learn pipeline', 'shown',
'shown that', 'shown that an', 'stock', 'stock has',
'stock has recently', 'that', 'that an', 'that an apple', 'the',
'the winter', 'time', 'time highs', 'to', 'to prevent',
'to prevent cancer', 'winter']
```

使用更长的词元序列通常会产生更多的特征及更特殊的特征。下面介绍选择使用 biagrams 后的相似度矩阵是如何变化的：

```
In [40]: tf_bg = TfidfVectorizer(stop_words='english',ngram_range=(1, 2))
         tf_bg.fit(documents)
```

有趣的是，考虑二元组并不会改善这组文档中的信息检索。

```
In [41]: tfidf_bg = tf_bg.fit_transform(documents)
         pairwise_similarity = tfidf_bg * tfidf_bg.T
         pairwise_similarity.toarray()

Out[41]: array([[1.        , 0.02402227, 0.17883097, 0.03250323, 0.        ,
                  0.        ],
                 [0.02402227, 1.        , 0.02961369, 0.0259489 , 0.        ,
                  0.        ],
```

```
[0.17883097, 0.02961369, 1.        , 0.04006867, 0.        ,
 0.        ],
[0.03250323, 0.0259489 , 0.04006867, 1.        , 0.0765878 ,
 0.        ],
[0.        , 0.        , 0.        , 0.0765878 , 1.        ,
 0.25691906],
[0.        , 0.        , 0.        , 0.        , 0.25691906,
 1.        ]])
```

　　对于大多数应用程序，词元的最小数量应该是一个，因为每个单词通常都可以捕捉到很多含义。在大多数情况下，添加二元组会有所帮助，但较长的词元序列可能会导致过拟合。作为一个经验法则，二元组的特征数量可以是一元组特征数量的二次方，三元组的特征数量可以是一元组特征数量的三次方，从而导致产生非常大的特征空间。

4.1.6　词嵌入

　　到目前为止，所研究的方法通常使用单词的局部表示，这意味着每个句子都被编码成一个离散的向量（如果在该文档中观察到单词，则通常为 1，否则为 0）。这将生成一个非常稀疏的向量，其维度对应于文档语料库中的单词。基于该表示讨论了 tf-idf 表示，本质上，tf-idf 是离散计数的连续表示，同时考虑了文档中的相应权重。

　　这是通过固定长度向量表示（Fixed-Length Vector Representation）来表示文档的标准方法。但是，正如在前几小节中已经看到的那样，BoW 方法至少存在两个问题：一方面，会产生极长的稀疏向量，这对于 RAM 来说可能是个问题，因为语料库变得越来越大；另一方面，共现矩阵（Co-Occurrence Matrix）的列向量是完全正交的，因此可能无法获得它们之间的相似关系。

　　一种可能的解决方案是将每个单词表示为 d 维的稠密向量（Dense Vector），这也称为分布式表示（或简单的嵌入）。其思想是每个单词都将由一个包含该词本质的稠密固定长度向量表示。从 Hinton 等人的开创性工作开始，许多有趣的工作都基于这个想法。其中，值得一提的是 Socher 和 Glorot 等人的工作。Mikolov 等人的论文引入了 Skip-gram 模型（Skip-gram Model）。这是一种有效的模型，允许根据上下文学习词向量。本质上，Mikolov 等人扩展了 Bengio 等人的想法，实际上使用了几个词向量的拼接（Concatenation）作为神经网络的输入，并试图根据该增广向量（Augmented Vector）预测下一个词。Skip-gram 模型的训练在某种程度上更方便，因为最终得到了一个二分类任务，并且它不涉及稠密矩阵乘法。

　　Skip-gram 算法是 Mikolov 等人提出的两种算法之一，人们通常将此类算法称为

Word2Vec。对 Word2Vec 的直观解释是，不计算每个单词 ω 出现在另一个单词附近的频率（在语料库中），而是训练一个监督模型。该监督模型的目标或标签是单词 ω 的独热表示（One-Hot Representation）。

实际上，该算法是这样工作的：首先，字典中的每个单词都由一个向量表示，该向量是随机初始化的；然后，对于给定文本中的每个词 ω，计算其词向量与上下文词向量之间的相似度；最后，基于这个相似度，计算上下文词将与词 ω 相关联的概率，并且使用梯度下降迭代地调整初始向量，即调整词向量以最大化以下概率：

$$P(c \mid \omega, \boldsymbol{\theta}) = \frac{e^{u_c^T v_\omega}}{\sum_{v \in V} e^{u_v^T v_\omega}}$$

式中，v_ω 表示当 ω 是中心词时的词向量（u_ω 是当 ω 是上下文词时的词向量），集合 V 表示语料库中的整个词元集。$\boldsymbol{\theta}$ 表示希望优化的参数向量（在这里的例子中是词向量），其维度将是 $2dV$，其中 d 是嵌入的维度，V 是词元化语料库的维度，因为考虑到每个词都是中心词或上下文词时的向量，因此乘以 2。在所有上下文词都是独立的假设下，并考虑到大小为 m 的窗口中的多个上下文词，最大化以下对数似然函数：

$$\frac{1}{T} \sum_{t=1}^{T} \sum_{-m \leqslant j \leqslant j} \log P(w_{t+j} \mid w_t, \vartheta) \qquad ^{\ominus} \tag{4.1}$$

式中，T 表示语料库的长度。目标是最小化上述代价函数，这意味着模型将在给定一些上下文的情况下预测语义上更合适的词。如何计算这些概率？在训练阶段，Skip-gram 尝试调整参数以最小化代价函数。通常这是通过计算向量参数 ϑ 的所有向量梯度来完成的。本质上，该参数包含词向量表示（Word Vector Representation）。为避免在正文中过多地使用数学，向量梯度的计算请参考附录 B。

下面看看在实践中为什么 Word2Vec 嵌入如此受欢迎。

```
In [42]: from egeaML import *
         import gensim.downloader as api
```

以下应用程序的灵感来自 https://radimrehurek.com/gensim/models/keyedvectors.html 上的 gensim 文档。特别地，这里将使用预训练的 GloVe 维基百科词向量（GloVe 网站：https://nlp.stanford.edu/projects/glove/）。需要注意，使用 gensim.downloader 可以很容易地将 Glove 数据集下载为 Word2Vec 格式，正如下文所示。否则，读者可以从上述网站下载数据，并使用 scripts 类中的 glove2word2vec 方法将文件转换为 Word2Vec 格式。

```
In [43]: model = api.load('glove-wiki-gigaword-100')
```

⊖　此处原书错误，应改为 $\frac{1}{T} \sum_{t=1}^{T} \sum_{-m \leqslant j \leqslant m} \log P(w_{t+j} \mid w_t, \vartheta)$。——译者注

下面尝试查看 italy（意大利）与哪些术语相关：

```
In [44]: model.most_similar('italy')
```

```
Out[44]: [('spain', 0.7746186852455139),
          ('italian', 0.7569283246994019),
          ('portugal', 0.7421526312828064),
          ('germany', 0.740085244178772),
          ('greece', 0.7235244512557983),
          ('netherlands', 0.7212409973144531),
          ('france', 0.7163637280464172),
          ('austria', 0.7158598899841309),
          ('switzerland', 0.6981543302536011),
          ('brazil', 0.6805199384689331)]
```

上面输出是合理的：italy 这个国家与欧洲国家相关，并且与表示公民的词 italian 相关。这很容易，下面再尝试一个例子。

```
In [45]: model.most_similar('schumacher')
```

```
Out[45]: [('barrichello', 0.8159974813461304),
          ('ralf', 0.8043726682662964),
          ('ferrari', 0.8011481761932373),
          ('coulthard', 0.8001769781112671),
          ('massa', 0.7799736261367798),
          ('raikkonen', 0.7790895700454712),
          ('alonso', 0.7785213589668274),
          ('montoya', 0.7640366554260254),
          ('villeneuve', 0.7573407888412476),
          ('mclaren', 0.7414728403091431)]
```

毫不奇怪，schumacher 这个词与许多其他著名的 F1 车手有关。对于不热衷于 F1 和 20 世纪前 10 年的那些著名的人来说，尝试最后一个例子：

```
In [46]: model.most_similar('apple')
```

```
Out[46]: [('microsoft', 0.7449405789375305),
          ('ibm', 0.6821643710136414),
          ('intel', 0.6778088212013245),
```

```
('software', 0.6775422096252441),
('dell', 0.6741442680358887),
('pc', 0.6678153276443481),
('macintosh', 0.66175377368927),
('iphone', 0.6595611572265625),
('ipod', 0.6534676551818848),
('hewlett', 0.6516579985618591)]
```

这个很棘手，因为 apple 可能指的是苹果公司，也可能指的是苹果（即水果）。另一个有趣的应用是基于向量类比的概念，该概念由 Levy 和 Goldberg 于 2014 年提出。他们指出向量之间的差异可以捕捉到单词之间的一些类比。例如，如果考虑特定国家［如（罗马，意大利）］的（首都，国家）向量的差异，并且采用向量法国，那么式子 $v($罗马$)-v($意大利$)+v($法国$)$ 的结果是向量巴黎。这太神奇了，为了让读者相信这种奇妙的关系，考虑以下例子：

```
In [47]: nlp = nlp()
         nlp.analogy(model,'italy','denmark','rome')

Out[47]: 'copenhagen'

In [48]: nlp.analogy(model,'spain','netherlands','madrid')

Out[48]: 'amsterdam'
```

嵌入与 netherlands 的城市 amsterdam 进行了关联。另一个例子是下面这个，完美地展示了动物与食物的完美搭配：

```
In [10]: nlp.analogy(model,'banana', 'cheese', 'monkey')

Out[10]: 'goat'
```

作为最后一个练习，尝试利用从嵌入中获得的相似度绘制一个单词列表。这可以使用egeaML 库的对象 display_similarity 轻松完成，该对象执行 PCA 降维，并接收两个参数：模型和人们感兴趣的单词列表。结果如图 4.1 所示。可以清楚地看到，有一个由所有国家组成的簇（Cluster），并且更近的国家似乎在地理上也是相关的。另一个有趣的簇是左侧的簇，可以确定为与政治和经济事件相关的簇。在右侧，可以清楚地识别出著名的运动员。关于 usa 和 china 这两个词的评论：它们没有完全聚集为国家，因为它们似乎与定义为与政治和经济事件相关的簇严格相关。这是合理的，因为这两个国家是世界上最大的两个经济体。

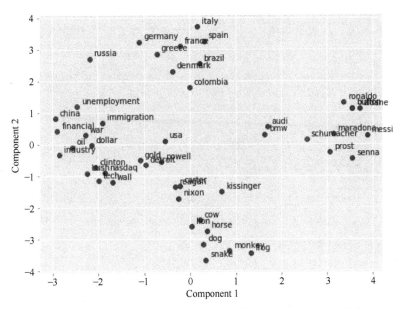

图 4.1　基于由 **Word2Vec** 模型所确定的相似度对单词进行聚类

```
In [5]: mywordlist = ['powell', 'russia', 'colombia', 'audi', 'bmw',
                      'ronaldo', 'nasdaq', 'clinton', 'nixon', 'reagan',
                      'bush', 'kissinger', 'carter', 'messi', 'maradona',
                      'immigration', 'greece', 'buffon', 'schumacher',
                      'italy', 'france', 'usa', 'germany', 'china', 'prost',
                      'senna', 'buffon', 'war', 'zidane', 'dollar',
                      'gold','oil', 'unemployment', 'brazil', 'snake','wall',
                      'tech', 'financial', 'industry', 'detroit','horse',
                      'lion', 'monkey', 'frog', 'dog', 'cow',
                      'spain', 'denmark']

        nlp.display_similarity(model, mywordlist)
```

下面介绍段落连续向量表示（Paragraph Continuous Vector Representations）。

前面介绍并讨论了一种流行的方法来学习单词的连续固定长度分布式向量表示。2014
年，Mikolov 和 Le 提出了一种更复杂的方法，称为 Doc2Vec，它允许从文本片段中学习分布
式向量。使用 Doc2Vec 的优点是每个文档都由一个稠密向量表示，该稠密向量可用于预测单
词或执行文本分类。

这个思路与 Word2Vec 非常相似，但在这里，每个段落都被映射到一个唯一的稠密表示

向量，由从矩阵 D 中提取的唯一段落标记（Paragraph Token）和从词矩阵 W 中提取的词向量之间的连接表示。前者在从同一文档生成的所有单词之间共享，而后者在文档之间共享。

这里不详细介绍这个模型。下面将基于一个玩具例子简要讨论这种方法：

```
In [6]: import csv
        import random
        from gensim.models.doc2vec import Doc2Vec, TaggedDocument
        from egeaML import nlp
```

这里读取专门为该例子创建的一些数据。读者可以在本书 GitHub 仓库中的数据文件夹中找到，名称为 doc2vec_docs.txt。现在读取该文件，并从中创建一个段落列表。

```
In [7]: with open('doc2vec_docs.txt') as f:
            reader = csv.reader(f, delimiter='.')
            csv_rows = list(reader)
        docs = [item for sublist in csv_rows for item in sublist]
```

对于每个段落文档，在将其输入模型之前进行清理。需要注意的是，Doc2Vec 要求将每个文档都表示为其对应的词向量与其段落标记（Paragraph Token）之间的连接，因此使用 egeaML 库中的 tagging_doc2vec 方法创建一个标记文档列表。该方法可对每个文档返回一个标记词列表。

```
In [8]: doc = [nlp().clean_text(x) for x in docs]
        tagged = nlp().tagging_doc2vec(doc)
```

现在使用来自 gensim 的函数 Doc2Vec 来拟合 Doc2Vec 模型。这里的参数 vector_size 代表特征向量表示的长度，window 描述段落内当前词和预测词之间的最大距离，min_count 忽略所有总频率低于提供数字的词，epochs 描述在文件语料库上的迭代次数。

```
In [9]: model = Doc2Vec(vector_size=100, window=10, min_count=2,
                                        workers=-1, epochs=10)
        model.build_vocab(tagged)
        model.train(tagged, total_examples=model.corpus_count,
                        epochs=model.epochs)
```

作为一个例子，这里基于训练文档的分布式表示来执行文档之间的相似性检索。可能会取到看不见的数据，并尝试在其上检索相同的相似性。这意味着推断的向量将成为所需格式的新文档（即预处理单词的拆分列表）。

```
In [10]: id = random.randint(0, len(tagged)-1)
         inferred_vector = model.infer_vector(tagged[id].words)
         similarities = model.docvecs.most_similar([inferred_vector],
                                       topn=len(model.docvecs))
In [11]: print(' Most Similar Documents with Document %s which text is:\n %s\n' % (id,
                                                    docs[id]))
         for label, index in [('TOP SIMILAR', 0),
                              ('SECOND MOST SIMILAR', 1),
                              ('THIRD MOST SIMILAR', 2),]:
            print('%s %s:\n «%s»\n' % (label, similarities[index],
                                ''.join(docs[similarities[index][0]])))
```

Most Similar Documents with Document 118 which text is:
The more data that is fed into it - whether images of terrorist insignia or
harmful keywords - the more the machine learning technology learns and improves

TOP SIMILAR (27, 0.22756348550319672):
« Typically, the generative network learns to map from a latent space to a data
distribution of interest, while the discriminative network distinguishes candidates
produced by the generator from the true data distribution»

SECOND MOST SIMILAR (75, 0.2103119045495987):
« Deep learning based on superficial features is decidedly not a tool
that should be deployed to "accelerate" criminal justice;
attempts to do so, like Faception's, will instead perpetuate injustice»

THIRD MOST SIMILAR (119, 0.1768016815185547):
« Without enough training data, the system does not know what to look for»

有趣的是，该模型已学习到正在谈论的与机器学习相关的话题，更具体地说是与图像识别相关的话题，因此返回了与谈论 GAN 的最相似文档的相似性。该文档谈论犯罪和面部分析（Faception），这是一家面部个性分析技术公司（第二类似），最后是一个与机器学习模型的训练有关的通用段落。

4.2　深度学习初步

在过去的 10 多年里，深度学习（Deep Learning）成了机器学习界的一个流行词，有时被滥用，但通常大多数从业者不知道这个词是什么意思。值得注意的是，尽管应该强调深度学习和机器学习彼此之间密切相关，但它们往往被错误分开成两个领域。一般来说，"深度学习"这个词确实是机器学习的一个分支，它通常处理人工神经网络（Artificial Neural Network，ANN），具有两个隐藏层的神经网络架构如图 4.2 所示。

更具体地说，深度学习模式是一种机器学习算法，它将用于预测因变量 y 的特征向量 X

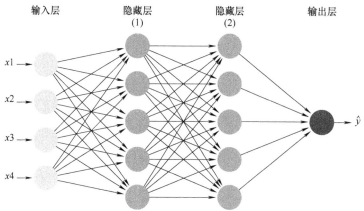

输入层　　　　隐藏层　　　　隐藏层　　　　输出层
　　　　　　　　　(1)　　　　　　(2)

图 4.2　具有两个隐藏层的神经网络架构

作为输入。因此，它是一个监督学习模型，但与人们目前看到的模型不同。它们的结构由 3 个主要部分组成，分别为：

- 输入层（Input Layer）：接收数据的数值表示。
- 隐藏层（Hidden Layer）：计算发生的地方，在模型中扮演黑盒的角色。
- 输出层（Output Layers）：输出模型的预测。

这里不深入研究人工神经网络的结构：感兴趣的读者可以参考 Courville、Chollet 等人的工作，以深入了解此类算法背后的理论和结构。

本节的目的是向读者介绍使用 Keras API 进行深度学习的简单应用，该方法由 Chollet 等人于 2015 年首先提出。Keras 是一个高级神经网络（API），能够在 TensorFlow、Theano 或 CNTK 之上运行。它是深度学习中对用户最友好的 API 之一，也可以在 CPU 和 GPU 上运行。为了使用 pip 或 conda 正确安装它，可参阅以下链接中的文档：https://keras.io。

```
In  [1]: import pandas as pd
         import numpy as np
         import seaborn as sns
         import matplotlib.pyplot as plt
         from egeaML import neural_network
         from sklearn.metrics import classification_report
         from sklearn.datasets import make_classification, make_circles
```

```
In [2]: #keras modules
        from keras.models import Sequential
        from keras.layers import Dense,Dropout, BatchNormalization, Activation
        from keras.optimizers import Adam
        from keras.callbacks import EarlyStopping
        from keras.utils.np_utils import to_categorical
```

这里从一个非常简单的例子开始：一个线性可分为两个类的数据集，如图 4.3 所示。这是一个非常简单的二分类任务，这里希望使用深度学习架构来解决。

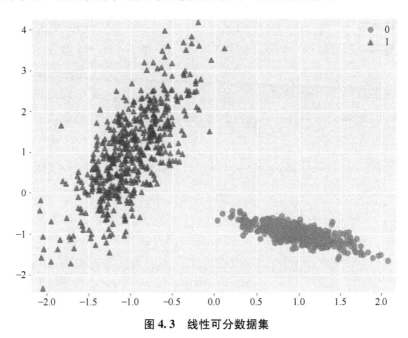

图 4.3　线性可分数据集

```
In [3]: X, y = make_classification(n_samples=1000, n_features=2,
                                    n_redundant=0, n_informative=2,
                                    random_state=7,
                                    n_clusters_per_class=1)
        neural_network.plot_data(X,y)
```

在 Keras 中创建模型最简单的方法是使用 Sequential API，它允许将一层堆叠在另一层之上。由于玩具例子显示了两个类之间清晰的线性决策边界，现在尝试拟合一个简单的 Logistic 回归模型：在这种情况下，将输入节点直接连接到输出节点，没有任何隐藏层。一旦初始化了 Sequential 类，就开始使用 Keras 中的 Dense 函数添加层，它构建了一个全连接的神经网络层。函数参数定义如下：

- units：表示输出空间的维数。
- input_shape：它是输入到第一个隐藏层的起始张量，必须与训练数据具有相同的形状（Shape），这里为 2。

需要注意的是，Keras 模型中只有第一层需要指定输入维度。后续层不需要指定此参数，因为 Keras 可以自动推断尺寸。

```
In [4]: model = Sequential()
        model.add(Dense(units=1, input_shape=(2,), activation='sigmoid'))
```

由于模型的输出是一维的，即输出层只有一个节点，因此将 units 参数设置为 1。此外，将 activation 设置为 sigmoid，因为 Logistic 回归的激活函数是 Logistic 函数，在计算机科学界也称为 sigmoid。

然后使用 compile 函数编译神经网络：这里声明了要使用的优化器和要最小化的损失函数。这里还可以指定 metrics 参数，它可控制输出度量（对于分类问题，将其设置为准确率，即 accuracy）。

```
In [5]: model.compile(optimizer='adam', loss='binary_crossentropy',
                      metrics=['accuracy'])
```

在 Keras 中，在编译好的模型上使用 fit 方法来拟合模型是非常简单的。将参数 verbose 设置为 0 意味着不会打印模型的输出（如果有兴趣查看输出，可以在本地机器上自行尝试），而 epochs 参数控制遍历整个训练数据的次数。这是深度学习模型的一个关键特点：在训练模型时，不是传递训练数据一次，而是传递多次。在线性可分数据集上拟合单层神经网络时的损失与准确率，如图 4.4 所示。

```
In [6]: fitting = model.fit(x=X, y=y, verbose=0, epochs=50)
        neural_network.plot_loss_accuracy(fitting)
```

```
<Figure size 720x432 with 0 Axes>
```

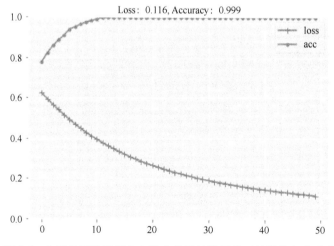

图 4.4　在线性可分数据集上拟合单层神经网络时的损失与准确率

下面的代码片段生成由上述一层神经网络产生的决策边界，如图 4.5 所示。

```
In [7]: neural_network.plot_decision_boundary(lambda x: model.predict(x),X,y)
```

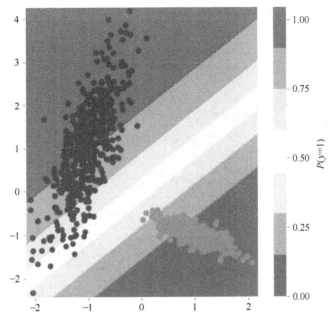

图 4.5　在线性可分数据集上拟合单层神经网络后的决策边界

4.2.1　用神经网络处理复杂数据

在前面的例子中，一直在使用线性可分的数据集。现在使用线性不可分数据，并训练 Logistic 回归以查看其在此类数据集上的性能。

```
In [8]: X1, y1 = make_circles(n_samples=1000, noise=0.05, factor=0.3,
                              random_state=0)
        neural_network.plot_data(X1,y1)
```

对线性不可分数据采用 Logistic 回归模型会导致预测结果不稳定，如图 4.6 所示。
要在这组新数据上训练一个 Logistic 回归模型，可以像以前一样执行以下步骤：

```
In [9]:  model1 = Sequential()
         model1.add(Dense(units=1, input_shape=(2,) , activation='sigmoid'))
         model1.compile(optimizer='adam',loss='binary_crossentropy',
                                        metrics=['accuracy'])
         training1 = model1.fit(x=X1,y=y1,verbose=0, epochs=50)
```

```
y_pred1 = model1.predict_classes(X1, verbose=0)
```

In [10]: neural_network.plot_loss_accuracy(training1)

<Figure size 720x432 with 0 Axes>

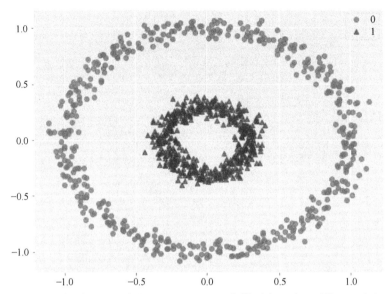

图 4.6 对线性不可分数据采用 Logistic 回归模型会导致预测结果不稳定

　　这里选择的分类器不是一个好的分类器，因为准确率大约为 50%。这意味着由于数据集的非线性行为，对一半的点进行了错误分类。

　　要在线性不可分数据集上拟合神经网络，需要在刚刚拟合的模型中添加更多层。这是因为上一层的输出变成了下一层的输入。Keras 再次初始化权重和偏差，并将上一层的输出连接到下一层的输入。人们只需要指定在给定层中有多少个节点及激活函数即可。

　　线性不可分数据集上的单层神经网络的损失与准确率如图 4.7 所示。

```
In [11]: model11 = Sequential()
         model11.add(Dense(units=4,input_shape=(2,),activation='tanh'))
         model11.add(Dense(2, activation='tanh'))
         model11.add(Dense(1, activation='sigmoid'))

         model11.compile(Adam(lr=0.01), loss='binary_crossentropy',
                                        metrics=['accuracy'])
         his = model11.fit(x=X1,y=y1, verbose=0, epochs=100)
         y_pred1 = model1.predict_classes(X1, verbose=0)
```

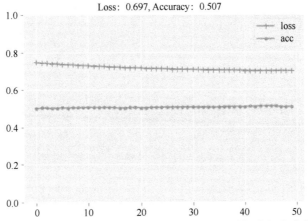

图 4.7　线性不可分数据集上的单层神经网络的损失与准确率

在实践中，添加了一个具有 4 个节点和 tanh 激活函数的层。然后，再次使用 tanh 激活函数添加具有两个节点的层。最后添加了一层，它只有一个节点和 sigmoid 激活函数。这也是在 Logistic 回归模型中使用的最后一层。这不是一个非常深的神经网络，因为它只有 3 层：两个隐藏层和一个输出层。但需注意几个模式：

- 隐藏层使用 tanh 激活功能。如果添加了更多隐藏层，那么也将使用 tanh 激活。
- 每个后续层的节点数量都会减少。当将层堆叠在一起时，减少节点是一种很好的做法。

以下代码段生成的决策边界如图 4.8 所示。

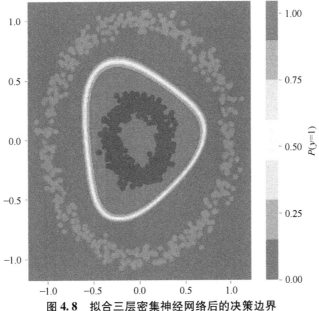

图 4.8　拟合三层密集神经网络后的决策边界

```
In [12]: neural_network.plot_decision_boundary(
                    lambda x: model11.predict(x), X1, y1)
```

4.2.2　多分类

现在来看一个多分类问题，其中类的数量超过两个。不失一般性，这里将处理一个三分类例子，这种方法可以扩展到更多的类。

```
In [13]: X2, y2 = neural_network.make_multiclass(k=3)
```

在处理多分类问题时，使用 Softmax 回归，它将 Logistic 回归模型推广到了具有两个以上类的分类问题。Logistic 回归用于二分类问题，因此使用 logistic 函数可以得到分类的硬概率。然而，对于 Softmax 回归，使用了 softmax 函数：在这种情况下，分类概率在类之间被归一化（可能是加权的）。在 Keras 中，对于任何二分类问题，都最小化 binary_crossentropy，而在多类情况下，最小化的损失函数表示为 categorical_crossentropy。一个三分类问题的数据散点图如图 4.9 所示。

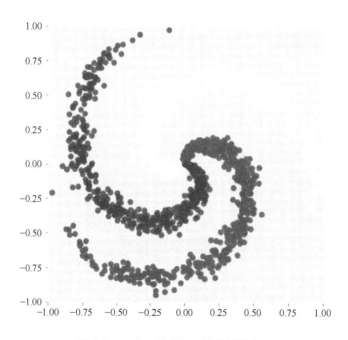

图 4.9　一个三分类问题的数据散点图

另外应注意，在 Softmax 回归的拟合阶段，需要采用标签的独热表示（One-Hot Representation）。

```
In [14]: model = Sequential()
         model.add(Dense(output_dim=3,input_shape=(2,),activation='softmax'))
         model.compile('adam','categorical_crossentropy',metrics=['accuracy'])

In [15]: fitting = model.fit(X2, to_categorical(y2), verbose=0, epochs=20)
         neural_network.plot_loss_accuracy(fitting)
         neural_network.plot_multiclass_decision_boundary(model, X2, y2)
```

显然，二分类的 Logistic 回归和多分类的 Softmax 回归之间存在重要差异。将简单的 Softmax 回归拟合到此类数据，性能不够好，这表明需要更密集的神经网络。

```
In [16]: y_pred = model.predict_classes(X2, verbose=0)
         print(classification_report(y2, y_pred))
```

	precision	recall	f1-score	support
0.0	0.42	0.31	0.36	500
1.0	0.55	0.67	0.60	500
2.0	0.53	0.55	0.54	500
accuracy			0.51	1500
macro avg	0.50	0.51	0.50	1500
weighted avg	0.50	0.51	0.50	1500

这里为多分类构建一个深度人工神经网络。为此，需要添加更多的 Dense 层。在这个例子中，只添加了几个具有 tanh 激活函数的 Dense 层。

拟合密集神经网络得到的三分类问题的决策边界如图 4.10 所示。

```
In [18]: model = Sequential()
         model.add(Dense(64, input_shape=(2,), activation='tanh'))
         model.add(Dense(32, activation='tanh'))
         model.add(Dense(16, activation='tanh'))
         model.add(Dense(3, activation='softmax'))

         model.compile('adam', 'categorical_crossentropy',
                                     metrics=['accuracy'])

         y_cat = to_categorical(y2)
         history = model.fit(X2, y_cat, verbose=0, epochs=50)
```

图 4.11 所示为拟合密集神经网络得到的三分类问题的混淆矩阵这个模型在混淆矩阵方面的表现，预测结果非常显著，准确率约为 99%！

129

```
In [19]: neural_network.plot_multiclass_decision_boundary(model, X2, y2)
         y_pred2 = model.predict_classes(X2, verbose=0)
         neural_network.plot_confusion_matrix(model,y2,y_pred2)
```

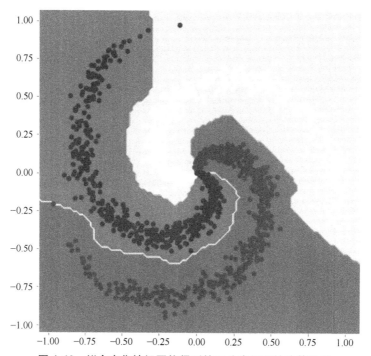

图 4.10　拟合密集神经网络得到的三分类问题的决策边界

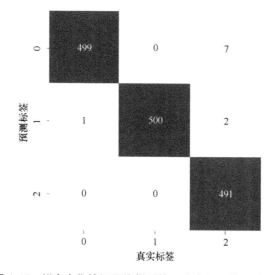

图 4.11　拟合密集神经网络得到的三分类问题的混淆矩阵

附　　录

附录 A　Python 速成教程

这里给出一个关于 Python 编程技能的简明指南。目标是双重的。一方面，让读者理解本书提出的算法所必需的所有基本构建块。如果要开发自己的模型，对 Python 语言的扎实知识和理解确实是一项至关重要的能力。另一方面，本书基于一个特定的库，称为 egeaML，可在 GitHub 特定的仓库中找到。它由一系列贯穿全书的方法组成，因此深入了解面向对象编程的基础知识很重要。这不仅对想要深入学习计算机编程知识的人很重要，也适用于任何想要开发分析软件的现代机器学习科学家和工程师。

A.1　Python 构建块

A.1.1　变量

Python 中最基本的构建块是变量。变量本质上是一个盒子，人们可以在上面贴上一个名字，然后可以在文件的其他任何地方引用它。例如，可以创建一个盒子，将其命名为 a，并为其分配整数 5。这里所做的只是创建一个名称为 a 的盒子并将值 5 放入其中。

In [1]: a=5

例如，可以创建一个名为 my_sum 的新变量，它将 56 加到变量 a 上，如下所示：

In [2]: my_sum=a+56

变量名称可以包含字母、特殊字符（如下画线）和数字。但是，有些字符不能用作变量名。例如，数字、&、美元符号等不能出现在变量名的开头。人们也可以定义字符串变量，比如

In [3]: string_var = 'My name is'

In [4]: name = 'Bob'

首先，注意到字符串是用引号引起来的。对于 Python，那个词只是一组字符，它不知道这是一个正确的词，它只知道这是一个长字符元素。人们也可以用 print 方法把这些东西打印出来。print 方法会把变量的值打印到控制台。

```
In [5]: print(string_var + ": " + name )
```

```
My name is: Bob
```

print 是一种方法，它只是一个动作，不同于变量。虽然变量定义了一段数据，但该变量上的方法只是对该段数据执行操作，在这种情况下，print 在控制台上显示作为输入插入的变量。幸运的是，print 方法并不是 Python 中唯一可用的方法。

为了定义一个字符串，可以区分使用双引号或单引号，但有的时候需要一起使用，如下所示：

```
In [6]: sentence_1 = "He told me 'Would you like a coffe?'"
```

```
In [7]: print(sentence_1)
```

通过使用 print 方法可知，一个方法总是指代一个动作（即 print 方法将某些内容打印到控制台）。

A.1.2 方法与函数

1. input 方法

input 方法是一个内置函数，它允许系统向软件用户迭代地询问一组问题。例如，该方法可用于聊天机器人，用户在其中输入一些信息以访问特定功能。更具体地说，input 方法向控制台打印出一条消息，用户需要输入一些信息才能到达下一条消息（或可能到达所需的输出）。

```
In [8]: num1 = int(input('Please enter an integer value: '))
        num2 = int(input('Please enter another integer value: '))
        print(num1, '+', num2, '=', num1 + num2)
```

```
Please enter an integer value: 10
Please enter another integer value: 30
10 + 30 = 40
```

2. 创建自己的方法

在进入方法之前，先介绍 Python 中的另一个基本构建块：def 关键字。该内置关键字可用于定义用户自己的方法。用户自己的方法的定义至少需要 3 个组件：

- 函数头（Function Header）：以关键字 def 开头，包含方法名。

- 主体（Main Body）：包含方法运行的指令。
- return 键：如果想要函数返回值，则可以使用 return 键。

主体还可能包含 docstring，它用作函数文档，即描述函数的作用，然后是执行函数作用的实际代码。

下面的一段代码给出了一个计算实数 2 次方的函数。

```
In [9]: def square(x):
            """ This function returns the square of x"""
            new_value = x ** 2
            return new_value

In [10]: square(2)

Out[10]: 4
```

3. 字符串格式方法（String Format Method）

这种方法非常有用，旨在通过位置格式连接字符串中的变量。

```
In [11]:n = "Bob"
        t = "8 p.m."
        print("Hello {}!! Are we gonna meet at {}?".format(n,t))

Hello Bob!! Are we gonna meet at 8 p.m.?
```

A.2　Python 数据结构

A.2.1　列表与元组

A.1.1 部分已经讨论过变量，并且为值创建了变量。这会出现一个问题：可能需要用大量变量来描述一个人在考试中的成绩，因为一个学生可以有许多个成绩。

```
In [12]:grade_1 = 26
        grade_2 = 27
        grade_3 = 28
```

这里计算一个学生的平均成绩。我们知道平均值是元素的总和除以样本中的元素数量，在 Python 中的代码如下：

```
In [13]:print((grade_1+grade_2+grade_3)/3)

27.0
```

现在假设一个新的会话出来了，一个学生参加了新的考试：

```
In [14]:grade_4 =28
        print((grade_1+grade_2+grade_3+grade_4)/4)
```

27.25

这种创建变量和计算的方法不是真正可持续的。理想情况下，我们应该拥有一种无须创建更多变量即可不断增加成绩的方法。这种情况可以使用列表（List），这在 Python 中是可行的。列表是对象的容器（Container of Objects），具有可变和可迭代的属性。

```
In [15]:grades = [26,27,28,28]
        average_grades = sum(grades)/len(grades)
        print(average_grades)
```

27.25

这实际上意味着什么？以这种方式，就有了一种动态的方法来计算平均值。因此，列表不仅可以编写更好、更简洁的代码，还可以加快数据分析过程。

另外，Python 中还有一种称为元组（Tuples）的数据结构。元组与列表的不同之处在于它是不可变的，人们不能增加元组的大小。

```
In [16]: tuple_grade = (26,27,28,28) #immutable
```

元组的大小确定之后，将不能改变，但人们可以增加列表的大小。例如，可以使用 append 方法改变列表的大小，如下所示：

```
In [17]: grades.append(29)
         grades
```

```
Out[17]: [26, 27, 28, 28, 29, 29]
```

但是人们没有办法增加元组的大小，因为它们是不可变的。然而可以通过一个小技巧使元组动态化：

```
In [18]: tuple_grade = tuple_grade + (29,)
```

```
In [19]: (26,27,28)+(28,)
```

```
Out[19]: (26, 27, 28, 28)
```

这里并没有改变元组。我们所做的只是向元组添加一个新元组，并创建一个新对象。注意，逗号是必须要有的，否则 Python 会将其读取为数字，而不是元组。

A.2.2　集合

Python 中还有一种数据结构，即集合（Sets）。它由一组唯一的、无序的元素所组成。

原则上，可以在集合内重复项目，但一旦打印它们，将只显示唯一值。这意味着集合具有无序特征，从某种意义上说，人们从 print 方法获得的输出是完全随机的。这不适用于列表，其中第一个元素在打印后将始终出现在开头。

```
In [20]:set_grades= {26,27,28,28,21}
```

```
In [21]:print(set_grades)
```

```
{26, 27, 28, 21}
```

对于集合，可以使用 add 方法添加元素：

```
In [22]: set_grades.add(30)
         print(set_grades)
```

```
{26, 27, 28, 30}
```

A. 2. 3　字典

字典（Dictionaries）也是一种列表，但具有非常好的属性。字典不是元组，因为它是可变的（元组不可变）。字典与规则有些类似，因此它不能被视为集合的适当推广（Proper Generlization）。在结构上，字典允许具有多个相同的项（Items）。

我们注意到，前面介绍的数据结构都不能对每个特定元素进行索引。换句话说，人们希望集合中的每个元素都有一个键（Key）。这些键是字典中每个值（Value）的描述。在 Python 中，这些可以使用字典来完的，字典被定义为键值（Key-Value）对。

不失一般性，现在给出一个字典，其中包含两个键：学生的姓名及其在计算机科学考试中的相应成绩。特别地，这些值是根据列表给出的。

```
In [23]:my_dict = {'name':['Bob','Frank','Maria'],
                   'grades':[26,27,28]}
```

元素仍然是无序的，被分号分隔开，并且键和值之间存在关系。由于这种关系，人们能够存储数据。字典是可变的，因此可以修改它们的结构。一般来说，如果要访问键，则必须这样做：

```
In [24]:my_dict['name']
```

```
Out[24]: ['Bob', 'Frank', 'Maria']
```

可以为给定的键添加新值，如下所示：

```
In [25]:my_dict['students'].append('Anna')
        my_dict['grades'].append(28)
```

回到使用列表计算平均成绩的例子，现在从字典中计算相同的数值：

```
In [26]: float(format(sum(my_new_dict['grades'])/4,'.2f'))
```

```
Out[26]: 27.25
```

A.3 Python 循环

A.3.1 for 循环

在任何编程语言中，循环都是非常有用的迭代结构，它可以多次执行相同的任务。以下例子说明了编写循环的最简单逻辑，该例子打印出从 0~6 的整数：

```
In [27]:my_list = []
        for c in range(7):
            my_list.append(c)
        print(my_list)
```

```
[0,1,2,3,4,5,6]
```

现在创建一个名为 squared 的新列表，它按元素取一维向量 my_list 的平方，代码如下：

```
In [28]:my_list = [1,2,3,5,6,9]
        squared = []
        for i in my_list:
            a = i**2
            squared.append(a)
        print(squared)
```

```
[1, 4, 9, 25, 36, 81]
```

A.3.2 while 循环

for 循环是基于计数器的循环，但 while 循环本质上是基于条件的。特别地，while 循环操作由两部分组成：

1）带有条件的 while 子句，该条件的值为 True 或 False。

2）重复主体，直到条件为 False。

注意，while 循环需要退出条件，否则这样定义的迭代结构将永远运行。这里编写了一个程序，要求输入一些关于客户的信息；只要用户正确输入请求，请求就会停止。

```
In [29]:while True:
            int(input("Enter the user bank account number "))
            input("Enter his name: ")
```

```
input("Enter the password: ")
keep_going = input("Continue? (y/n)").lower()
if keep_going == 'n':
    break
```

```
Enter the user bank account number 3465123
Enter his name: Bob
Enter the password: abracadabra
Continue? (y/n) n
```

A. 4　Python 高级数据结构

A. 4. 1　列表推导式

这里使用了列表，它显示了从 0~4 的整数如下所示：

```
In [30]:my_list = [0,1,2,3,4]
```

人们可以使用列表推导式（List Comprehension）获得相同的结果，这是在 Python 中编写迭代结构的一种特殊方式。可以说列表推导式是 Python 风格（Pythonic）的 for 循环。

```
In [31]:my_py_list = [n for n in range(5)]
```

现在试着理解它背后的逻辑。实际上，它是一个 for 循环，n 将成为该循环的第一个元素，然后通过将所有内容放在方括号中将其存储到一个列表中，也就是说，它告诉 Python 将 n 放入一个列表中。本质上，它是一个 for 循环，如下所示：

```
In [32]:def my_list(num):
            """Returns a list of integer numbers from a range"""
            my_list = []
            for n in range(num):
                my_list.append(n)
            return my_list
        my_list(5)
```

```
Out[32]: [0, 1, 2, 3, 4]
```

因此，人们可以将能想到的任何对象（或任何动作或指令）包含在一个列表中。这里以 square 函数为例，并将其应用到 range 中：

```
In [33]:def power(num, power=2):
            """Returns the square of a list of values.
            We could also change the power of the function."""
            squared_list = []
            for n in range(num):
                val = n**power
                squared_list.append(val)
            return squared_list


        power(5)

Out[33]: [0, 1, 4, 9, 16]
```

同样，可以用列表推导式来做。

```
In [34]:squared_list = [x**2 for x in range(5)]
        print(squared_list)

[0, 1, 4, 9, 16]
```

现在已经得到了迭代中每个元素的二次方。这里将看到如何在列表推导中添加条件。例如，希望返回一个列表，该列表从 range（10）中获取偶数，即返回 10 以内能被 2 整除的数。

```
In [35]:evens = [n for n in range(10+1) if n%2==0]
        evens

Out[35]: [0, 2, 4, 6, 8, 10]
```

等价地，使用用户自己的方法 even（），可以得到相同的结果：

```
In [36]: def even():
            num = int(input("Enter a number: "))
            evens = []
            for n in range(num+1):
                if n%2==0:
                    evens.append(n)
            return evens
         even()

Enter a number: 10
```

138

Out[36]: [0, 2, 4, 6, 8, 10]

A. 4. 2　Lambda 函数

考虑以下整数列表:

In [37]: nums = [48,6,9,21,3]

现在要创建一个对数字求二次方的函数。怎样才能做到呢? 我们可以创建自己的方法:

```
In [38]:def square(nums):
            square = []
            for x in nums:
                square.append(x**2)
            return square
        square(nums)
```

Out[38]: [2304, 36, 81, 441, 9]

或者可以使用所谓的匿名函数 (Anonymous Functions), 在 Python 中指的是 lambda 函数。该函数不仅在 Python 中适用, 而且还可以用于其他语言, 如 Java。

In [39]:(lambda x: x**2, nums)

Out[39]:(<function __main__.<lambda>(x)>, [48, 6, 9, 21, 3])

现在创建了一个新函数, 即 lambda 函数。它应用于列表 nums。但是怎样才能从这个函数中解压出结果呢? 匿名函数是用 map 函数解压的。map 将对列表向量的每个元素应用 square 函数。但是, 应注意, map 本身不足以解压 lambda, 必须调用 list 方法来查看结果。

In [40]:list(map(lambda x: x**2, nums))

Out[40]:[2304, 36, 81, 441, 9]

现在以另一个使用 lambda 函数的例子结束本部分内容。与以前不同的是, 这里不会将 map 应用于每个元素。相反, 将过滤掉列表中所有不满足要求的元素。在这种情况下, 将向用户询问一个数字, 然后查找其正约数 (Proper Divisors), 这些正约数将存储在另一个列表中。

```
In [41]: num = int(input("number: "))
         divisors = []
         for n in range(2,num):
```

```
            if num%n ==0:
                divisors.append(n)
            else:
                pass
        print(divisors)

number: 12
[2,3,4,6]

In [42]:print(list(filter(lambda x: num%x==0, range(2,num))))

Out[42]:[2,3,4,6]
```

A.5 函数概念进阶

A.5.1 通配符在函数参数中的使用

本部分内容旨在回答一个简单的问题：如何处理函数内部的多个不可预见的参数？

1. 灵活参数

假设要编写一个函数，但不知道该函数需要多少个参数，举个例子：

```
In [43]:def average_grades(e1,e2,e3):
            return (e1+e2+e3)/3

        print(average_grades(28,26,24))

26.0
```

当要参加更多的考试时，就必须注意 average_grades 函数中的参数数量。幸运的是，在 Python 中，有一个方法可做到这一点，那就是使用灵活参数（Flexible Arguments），称为 args。

```
In [44]:def average_grades_flex(*args):
            tot_exams = 0
            for n in args:
                tot_exams +=1
            return sum(args)/tot_exams

        print(average_grades_flex(28,26,24))

26.0
```

2. 灵活的关键字参数

通常，如果要在函数内部使用非关键字参数（即不带名字的参数），就可以使用 args。但是如果必须要处理关键字参数（Keyworded Arguments，即带名字的参数，具体地，使用形式参数的名字来确定输入参数的值），该怎么办呢？在这种情况下，可使用 * kwargs 参数，它允许在函数中处理带名字的参数（Named Arguments）。要了解什么是 kwargs，可以看以下例子：

```
In [45]:def what_are_kwargs(*args, **kwargs):
            print(args)
            print(kwargs)

         what_are_kwargs(10,20,30)

(10, 20, 30)
{}
```

可以看到得到了一个空字典。实际上，kwargs 用于关键字参数，因此默认情况下被结构化为键值对象（Key-Value Object）。例如，如果添加两个关键字参数，如 name 和 job，那么可以看到它们出现在初始化的字典中。

```
In [46]: what_are_kwargs(10,20,30, name='James', job='Teacher' )

(10, 20, 30)
{'name': 'James', 'job': 'Teacher'}
```

3. 例子：月工资总额

下面通过一个实际的例子来更好地介绍这个概念。

```
In [47]:def total_wage(pay_hour,hours,working_days):
            """ Returns the monthly wage"""
            val = hours*pay_hour*working_days
            return val

         print("I have earned a gross salary of €",
                         format(total_wage(25,8,22),'.2f'))

I have earned a gross salary of € 4400.00
```

total_wage 函数计算了每月的总工资，但这里没有考虑额外的工作时间甚至税收。

141

```
In [48]: def taxes():
             """ Returns the taxes to be paid, based on the wage"""
             monthly_income = float(input("How much do you earn? "))
             taxes = 0
             if monthly_income <= 1500:
                 taxes = 0
             elif monthly_income <= 2400:
                 taxes = monthly_income*0.15
             elif monthly_income <= 3800:
                 taxes = monthly_income*0.25
             elif monthly_income <= 4900:
                 taxes = monthly_income*0.3
             else:
                 taxes = monthly_income*0.5
             return taxes

         def total_wage_full(pay_hour,hours,working_days,
                                 extra_hours,extra_pay,taxes):
             """ It returns the net monthly wage"""
             val = hours*pay_hour*working_days +
                             extra_hours*extra_pay -taxes
             return val

In [49]: print("I have earned a net salary of €",
         format(total_wage_full(25,8,22,10,29,taxes()),'.2f'))

How much do you earn? 4400
I have earned a net salary of € 3370.00
```

在 Python 中，有一种动态和灵活的方式来处理不定参数这种情形（"不定"是指预先不知道函数使用者会传递多少个参数给该函数），即使用关键字 * args。

```
In [50]: def total_wage_full(pay_hour,hours, working_days,*args):
             val = hours*pay_hour*working_days +
                             args[0]*args[1] - args[2]
             return val

In [51]: print("I have earned a net salary of €",
```

```
            format(total_wage_full(25,8,22,10,29,taxes())),'.2f'))
```

```
How much do you earn? 4400
I have earned a net salary of € 3370.00
```

假设还想将员工姓名、职务和财政年度添加到该列表中。为了以灵活的方式添加关键字参数，可使用关键字＊kwargs。它在语法上与＊args 关键字相似。

```
In [52]: def total_wage(pay_hour,hours,working_days,*args,**kwargs):
             val = format(hours*pay_hour*working_days +
                     args[0]*args[1] - args[2], '.2f')
             message = "{} has earned a net salary of € {}
                     with her job of {} in {}."
                     .format(kwargs['name'],val,
                     kwargs['job'],kwargs['year'])
             return message
```

```
            print(total_wage(25,8,22,10,29,taxes(),
                     name='James', job='Teacher',year='2018'))
```

```
How much do you earn? 4400
James has earned a net salary of € 3370.00 with her job of
Teacher in 2018.
```

A.5.2　函数中的局部作用域与全局作用域

这里探讨函数范围，并非所有对象都可以在脚本中的任何地方访问，有 3 个主要范围：

- 全局范围：在脚本主体中定义。
- 局部范围：在函数内部定义。
- 内置范围：在 builtins 模块中定义。

局部范围意味着一旦函数执行完成，其中的任何名称都将不复存在，并且无法再访问它们。在下面的代码片段中，变量 new_value 是在局部定义的，因此如果在外部调用，则用户将收到错误消息。

```
In [53]:def square(x):
             """ This function returns the square of x"""
             new_value = x ** 2
             return new_value
         new_value
```

假设现在有与上面相同的函数，但变量是在函数之外定义的。这是一个全局变量，因为它可以在脚本的任何地方调用。

```
In [54]:new_value = 10
    def square(x):
        """ This function returns the square of x"""
        new_value2 = new_value ** 2
        return new_value2
    square(3)

Out[54]: 100
```

注意，如果该值未在内部定义，那么将查找全局值（反之则不适用）。回顾一下，当引用一个名称时，首先搜索局部范围，然后搜索全局范围。如果名称也不在全局范围，则搜索内置范围。

可以通过使用关键字 global 告诉 Python 在方法内部使用全局变量：在这种情况下，Python 将在方法外部查找该变量并使用。此外，全局变量可以更新，因为局部变量现在是全局变量，如下所示：

```
In [55]: new_value = 10
    def square(x):
        """ This function returns the square of x"""
        global new_value
        new_value = new_value ** 2
        return new_value
    square(3)

Out[55]: 100

In [56]: print(new_value)

100
```

A.6 面向对象编程简介

为了充分理解面向对象编程（Object-Oriented Programming，OOP）的重要性，首先要了解为什么需要面向对象编程。通常，数据分析软件是非常复杂的程序，它们被定义为以有意义的方式操作数据的指令序列。例如，假设要创建一个计算学生平均成绩的程序，则可以这样写：

```
In [57]: grades = input("Tell me your grades,
                          separated by commas: ").split(',')


         def average_grades(grades):
             tot = 0
             for n in range(len(grades)):
                 grades[n] = int(grades[n])
                 tot +=grades[n]

             avg = format(tot/len(grades), '.2f')
             return avg


         print(average_grades(grades))

Tell me your grades, separated by commas: 26,27,29
27.33
```

现在的问题是：如何管理更复杂软件的构建过程？假设不仅对计算学生的平均成绩感兴趣，而且还想存储个人信息，如年龄、姓名、性别等，这些操作可能会重复多次。那么如何完成这项任务？换句话说，如果要用一些特征来代表一个人，那么没有一个内置函数可以做到这一点。在 Python 中，可以使用 OOP 范式。可以说，OOP 是一种允许更轻松、更直观地设计和开发大型软件项目的方法。

A.6.1　对象、类和属性

一般来说，一个程序是由不同的对象（Objects）组成的。Python 中有很多种对象，有序列（如字符串、列表和元组）、字典、方法，甚至还有变量。更准确地说，一个对象可由一个类型、一些属性（Attributes）和一些方法来表征，它们允许操作和使用对象本身。

在 Python 中，使用类（Class）来创建对象：它们定义了一个类型对象，可以通过一个类创建许多独特的对象，它们将共享一些共同的特征，但它们由分配给类的属性的值唯一标识。类主要告诉 Python 应该如何定义对象，但实际上并没有创建对象。通过一个类创建对象的过程称为实例化（Instantiation），这意味着获取一个类，并从中创建具有特定属性的对象。可以说属性使每个对象都是唯一的，并且可以在不影响从同一类创建的其他对象的属性的情况下更改它们。但是如何创建一个类？可以使用关键字 class，后跟类名，冒号后面的所有内容都将缩进到该类中，并且将特属于该类。

```
In [58]:class Student:
         pass
```

学生具有特定的特征，如姓名、年龄、学校等。因此，使用 init 方法将它们分配给类。init 方法被称为初始化器，因为每创建一个对象时，该对象的属性都会自动获取 init 方法中给出的默认值。注意，init 方法的第一个参数必须是 self，以便初始化器可以对正在初始化的新对象进行引用。本质上，self 参数扮演了类内对象之间的连接器的角色。

```
In [59]:class Student:
            def __init__(self,name,age,school):
                self.name = name
                self.age = age
                self.school = school
                self.marks = []

            def average(self):
                return round(sum(self.marks)/len(self.marks),2)

        student = Student("James",20,"MIT")
        student.marks.append(26)
        student.marks.append(27)
        student.marks.append(29)
        print(student.average())
```

27.33

对上面的代码块做一些说明。首先，应注意，Student 类的一个实例是通过给它添加一些属性来创建的，如 Student（"James"，20,"MIT"）。

其次，添加了名为 average 的有效方法，它用于计算该学生的平均成绩。在类中定义方法非常重要，因为它可使类动态化且有用。实际上，这个例子与本书开始时看到的例子一样，但它更具可读性和更易于理解。

最后，可以按以下方式访问该实例的每个属性：

```
In [60]:print(student.name)
        print(student.school)
        print(student.marks)
```

```
James
MIT
[26, 27, 29]
```

A.6.2　子类和继承

为了介绍子类和继承概念，这里将重点介绍一个例子。该例子描述了参与特定 Python 课堂的学生。因此，将创建一个名为 PythonSchool 的类对象，其中将包含相关人员（表示为列表）以及其中的一系列对象。特别地，将讨论子类和继承：至于前者，将创建两个子类（DataScientist 和 DataEngineer），它们将严格依赖于超类（Superclass）DataScience，它们描述了参与 Python 课堂的致力于数据科学技能的学生。特别地，当继承某些内容时，并不意味着完全复制。所以可以这样做：这里实现了 init 方法，并在它的内部调用超类。DataScience 是超类，以这种方式调用它的 init 方法，这样就在子类中继承了超类的参数。之后 DataScientst 类和 DataEngineer 类会包含 DataScience 类的所有内容。现在在实践中看看这个工作流：这里将对代码中的每个步骤进行注释，以获得更好的可读性。

```
In [61]:class PythonSchool:

            students = []
            #initialization of an empty list of students

            def __init__(self, students):
                self.students = students

        class DataScience:
            # We initialize the superclass,
            # which produces a Description of the Student.
            def __init__(self, name, age, job):
                self.name= name
                self.age=age
                self.job=job
                # This describes the actual job
                self.language = input("Which high-level language
                                do you use for data science?")

        def Description(self):
            print("This is", self.name, \
                    "who has", self.age, "years old", \
                    "and earns €", format(int(self.income), ','))
```

```
# Here we introduce two subclasses, say DataScientist
# and Data Engineer.

class DataScientist(DataScience):
    def __init__(self,name,age,job,hobby):
        super().__init__(name,age,job)
        self.hobby = hobby
        self.dream = int(input("Which position you would
                                like to apply for? "))


class DataEngineer(DataScience):
    def __init__(self,name,age,job,hobby):
        super().__init__(name,age,job)
        self.hobby = hobby
        self.dream = int(input("Which position you would
                                like to apply for? "))

# We now create instances of students

student_list = [
    DataScientist("Bob",39,"Software Engineer","Running"),
    DataEngineer("Helen",30,"Stack Developer","Cycling"),
    DataScientist("James",46,"Consultant","Phylosophy")
    ]

my_class = DataScience(student_list)

# We now create a list containing the descriptions

# of the students.

my_list = []
for p in my_class.student:
    t = ["This is", p.name,
            "who is", str(p.age), "years old",
            "and uses the software", p.language,
```

```
        "for Data Science as a",p.job,".""\n
        "He loves", p.hobby,
        "and he looking for a poistion of",p.dreams]
my_sep = ' '
mess = my_sep.join(t)
my_list.append(mess)
```

若要进行更进一步的分析，读者可以在本书的 GitHub 仓库中找到一个数据科学应用程序，即 .ipynb 笔记本文件。该文件介绍了如何在 mtcars 数据集上使用 OOP 构建高级项目。

附录 B　词袋模型的数学原理

这里希望使用梯度下降来最小化式（4.1）。因此，用以下偏导数来计算 $\log\left(\dfrac{\mathrm{e}^{u_C^T v_\omega}}{\Sigma_{v \in V}\mathrm{e}^{u_0^T v_\omega}}\right)$：

$$\frac{\partial}{\partial v_\omega}\log\left(\frac{\mathrm{e}^{u_C^T v_\omega}}{\Sigma_{v \in V}\mathrm{e}^{u_0^T v_\omega}}\right) = \frac{\partial}{\partial v_\omega}\log(\mathrm{e}^{u_C^T v_\omega}) - \frac{\partial}{\partial v_\omega}\log(\Sigma_{v \in V}\mathrm{e}^{u_0^T v_\omega})$$

下面分别计算等号右侧的两个量。

正项很容易，因为必须计算以下导数：

$$\frac{\partial}{\partial v_\omega}\log(\mathrm{e}^{u_C^T v_\omega}) = \frac{\partial}{\partial v_\omega}u_C^T v_\omega$$

转换为以下内容：

$$\begin{cases} \dfrac{\partial}{\partial v_{\omega 1}}(u_{01}\cdot v_{\omega 1}+u_{01}\cdot v_{\omega 2}+\cdots+u_{01}\cdot v_{\omega d}) \\ \dfrac{\partial}{\partial v_{\omega 2}}(u_{01}\cdot v_{\omega 1}+u_{01}\cdot v_{\omega 2}+\cdots+u_{01}\cdot v_{\omega d}) \\ \qquad\qquad\qquad\vdots \\ \dfrac{\partial}{\partial v_{\omega d}}(u_{01}\cdot v_{\omega 1}+u_{01}\cdot v_{\omega 2}+\cdots+u_{01}\cdot v_{\omega d}) \end{cases} = \begin{bmatrix} u_{01} \\ u_{02} \\ \vdots \\ u_{0d} \end{bmatrix} = \boldsymbol{u}_0$$

负项比较复杂，可用链式法则来计算：

$$\begin{aligned} \frac{\partial}{\partial v_\omega}\log(\Sigma_{v \in V}\mathrm{e}^{u_0^T v_\omega}) &= \frac{1}{\Sigma_{v \in V}\mathrm{e}^{u_0^T v_\omega}}\frac{\partial}{\partial v_\omega}\sum_{x=1}^{V}\mathrm{e}^{u_x^T v_\omega} \\ &= \frac{1}{\Sigma_{v \in V}\mathrm{e}^{u_0^T v_\omega}}\sum_x \mathrm{e}^{u_x^T v_\omega}\frac{\partial}{\partial v_\omega}u_x^T v_\omega \end{aligned}$$

合并这两个量，有：

$$\frac{\partial}{\partial v_\omega}\log\left(\frac{e^{u_C^T v_\omega}}{\sum_{v \in V}e^{u_0^T v_\omega}}\right) = u_0 - \sum_{x=1}^{V}\frac{e^{u_x^T v_\omega}}{\sum_{v \in V}e^{u_v^T v_\omega}} \cdot u_x$$

$$= u_0 - \sum_{x=1}^{V}p(x \mid \omega) \cdot u_x$$

式中，u_0 是观察到的上下文词的表示，u_x 是上下文的预期向量表示，由词汇表中每个词的概率加权。因此，负项可以理解为根据观察向量 u 的预期上下文词。

　　类似于上面的计算方法，也可以得到关于上下文词 v_c 的损失函数的偏导数。本书把这个练习留给感兴趣的读者。

参 考 文 献

[1] M Abadi et al. TensorFlow: Large-scale machine learning on heterogeneous systems. `http://tensorflow.org/`, 2015.

[2] Robert Andersen. *Modern Methods for Robust Regression*, volume 152 of *Quantitative Applications in the Social Sciences*. SAGE, 2008.

[3] Y. Bengio, H. Schwenk, J.S. Senecal, F. Morin, and J.L. Gauvain. Neural probabilistic language models. *Innovations in Machine Learning*, pages 137–186, 2006.

[4] S. Bird, E. Loper, and E. Klein. *Natural Language Processing with Python*. O'Reilly Media Inc., 2009.

[5] C.M. Bishop. *Pattern Recognition and Machine Learning*. Springer, 2006.

[6] G.E.P. Box and D.R. Cox. An analysis of transformations. *Journal of the Royal Statistical Society B,*, 26:211–252, 1964.

[7] L. Breiman. Random forests. *Machine Learning*, 45(5–32), 2001.

[8] L. Breiman, J. H. Friedman, R. A. Olshen, and C. J. Stone. *Classification and Regression Trees*. Chapman and Hall/CRC, 1984.

[9] N.V. Chawla, K.W. Bowyer, L.O Hall, and W.P. Kegelmeyer. Smote: Synthetic minority over-sampling technique. *Journal of Artificial Intelligence Research*, 16, 2002.

[10] T. Chen and C. Guestrin. Xgboost: A scalable tree boosting system. *Proceedings of the 22nd ACM SIGKDD International Conference on Knowledge Discovery and Data Mining*, pages 785–794, 2016.

[11] F. Chollet. *Deep Learning with Python*. Manning Publications, 2017.

[12] F. Chollet et al. Keras. `https://keras.io`, 2015.

[13] A. Clerici, M. de Pra, M.C. Debernardi, and D. Tosi. *Learning Python*. Pixel. EGEA, 2019.

[14] A.C. Courville, I. Goodfellow, and Y. Bengio. *Deep Learning*. MIT, 2017.

[15] H.T. Fanaee and J. Gama. Event labeling combining ensemble detectors and background knowledge. *J. Prog Artif Intell*, 2:113–127, 2014.

[16] M.A. Fischler and R.C. Bolles. RANdom SAmple Consensus: a paradigm for model fitting with applications to image analysis and automated cartography. *Communications of the ACM*, 26(6):381–395, 1981.

[17] R. A. Fisher. On the mathematical foundations of theoretical statistics. *Philos. Trans. Roy. Soc. London Ser. A*, 222(309-368), 1922.

[18] Y. Freund and R.E. Schapire. Experiments with a new boosting algorithm. In *Machine Learning: Proceedings of the Thirteenth International Conference*, pages 148–156. Morgan Kaufmann, 1996.

[19] J. Friedman, R. Tibshirani, and T. Hastie. *The Elements of Statistical Learning*. Springer, 2008.

[20] J.H. Friedman. Greedy function approximation: A gradient boosting machine. *Annals of Statistics*, 29(5):1189–1232, 2001.

[21] X. Glorot, A. Bordes, and Y. Bengio. Domain adaptation for large-scale senti- ment classi- fication: A deep learning approach. In *Proceedings of the 26th Inter- national Conference on Machine Learning (ICML)*, pages 513–520, 2011.

[22] Z. Harris. Distributional structure. *Word*, 1954.

[23] G.E. Hinton, J.L. McClelland, and D.E. Rumelhart. *Distributed representations. In: Parallel distributed processing: Explorations in the microstructure of cognition*, volume Volume 1: Foundations. MIT Press, 1986.

[24] P.J. Huber. Robust Estimation of a Location Parameter. *Ann. Math. Statist.*, 35 (1):73–101, 1964.

[25] O. Levy and Y. Goldberg. Dependency-based word embeddings. In *Volume: Proceedings of the 52nd Annual Meeting of the Association for Computational Lin- guistics (Volume 2: Short Papers)*, 2014.

[26] S.M. Lundeber and Su-In Lee. A unified approach to interpreting model pre- dictions. In *Advances in Neural Information Processing Systems 30 (NIPS 2017)*, 2017.

[27] M. Lutz. *Learning Python*. O'Reilly Media Inc., 2013.

[28] A.L. Maas, R.E. Daly, P.T. Pham, D. Huang, A.Y. Ng, and C. Potts. Learning word vectors for sentiment analysis. *Proceedings of the 49th Annual Meeting of the Association for Computational Linguistics.*, 2011.

[29] C.D. Manning, P. Raghavan, and H. Schutze. *Introduction to Information Retrieval*. Cambridge University Press, 2008.

[30] T. Mikolov and Q. Le. Distributed representations of sentences and documents. In *Proceedings of the 31st International Conference on Machine Learning*, volume 32, pages 1188–1196, 2014.

[31] T. Mikolov, K. Chen, G. Corrado, and J. Dean. Efficient estimation of word representations in vector space. In *ICLR Workshop*, 2013.

[32] T. Mikolov, I. Sutskever, K. Chen, G. Corrado, and J. Dean. Distributed representations of words and phrases and their compositionality. In *Advances in Neural Information Processing Systems*, 2013.

[33] A.C. Muller and S. Guido. *Introduction to Machine Learning with Python*. O'Reilly Media Inc, 2017.

[34] K. Murphy. *Machine Learning: a Probabilistc Perspective*. MIT Press, 2012.

[35] F. Pedregosa, G. Varoquaux, A. Gramfort, V. Michel, B. Thirion, O. Grisel, M. Blondel, P. Prettenhofer, R. Weiss, V. Dubourg, J. Vanderplas, A. Passos, D. Cournapeau, M. Brucher, M. Perrot, and E. Duchesnay. Scikit-learn: Machine learning in python. *Journal of Machine Learning Research*, 12:2825–2830, 2011.

[36] J. Pennington, R. Socher, and C.D. Manning. Glove: Global vectors for word representation. 2014.

[37] M. Porter. An algorithm for suffix stripping. *Program*, 14(3):130–137, 1980.

[38] L. Prokhorenkova, G. Gusev, A. Vorobev, A.V. Dorogush, and A. Gulin. Catboost: unbiased boosting with categorical features. *NeurIPS2018*, 2018.

[39] L.S. Shapley. A value for n-person games. *Contributions to the Theory of Games*, 2 (28):307–317., 1953.

[40] R Socher, C.L. Cliff, A.Y Ng, and C.D. Manning. Parsing natural scenes and natural language with recursive neural networks. volume 2, 2011.

[41] R. Tibshirani. Regression shrinkage and selection via the lasso. *Journal of the Royal Statistical Society B*, 58(1):267–288, 1996.

[42] R. Tibshirani. The lasso problem and uniqueness. *Electronic Journal of Statistics*, 7:1456–1490, 2013.

[43] L.P.J. van der Maaten and G.E. Hinton. Visualizing data using t-sne. *Journal of Machine Learning Research*, 9:2579–2605, 2008.

[44] J. Vanderplas. *Python Data Science Handbook*. O'Reilly Media Inc., 2016.

[45] I.K. Yeo and R.A. Johnson. A new family of power transformations to improve normality or symmetry. *Biometrika*, 87(4):954–959, 2000.

[46] H. Zou and T. Hastie. Regularization and variable selection via the elastic net. *Journal of the Royal Statistical Society B*, 67:301–320, 2005.

[47] N. Zumel and J. Mount. *Practical Data Science with R*. Manning Publications, 2014.